MÉMOIRE

SUR

LA SITUATION DE L'AGRICULTURE

A L'ILE DE LA RÉUNION, EN 1868.

EXTRAIT DES MÉMOIRES DE LA SOCIÉTÉ CENTRALE D'AGRICULTURE
DE FRANCE. — ANNÉE 1872.

MÉMOIRE

SUR LA

SITUATION DE L'AGRICULTURE

A L'ILE DE LA RÉUNION, EN 1868,

PAR

M. A. DU PEYRAT,

Ancien ingénieur à l'île Bourbon, directeur de la ferme-école d'agriculture des Landes, correspondant de la Société centrale d'agriculture de France.

PARIS
IMPRIMERIE ET LIBRAIRIE D'AGRICULTURE ET D'HORTICULTURE
DE Mme Ve BOUCHARD-HUZARD,
RUE DE L'ÉPERON, 5.

1872

RAPPORT

FAIT, AU NOM DE LA SECTION D'ÉCONOMIE, STATISTIQUE ET LÉGISLATION AGRICOLES,

PAR M. MOLL,

SUR UN MÉMOIRE INTITULÉ :

L'AGRICULTURE DE L'ILE DE LA RÉUNION,

PAR M. DU PEYRAT,

directeur de la ferme-école de Beyrie (Landes).

MESSIEURS,

Le nombre, hélas! bien réduit de nos colonies, donne un intérêt plus grand, plus vif à tout ce qui concerne celles qui nous restent. A ce titre seul, le Mémoire de votre honorable correspondant M. du Peyrat, sur l'agriculture de l'île de la Réunion, était digne d'attirer votre attention. Mais hâtons-nous d'ajouter que ce travail n'avait pas besoin de cette considération pour exciter votre intérêt.

La manière dont l'auteur a traité son sujet est des plus remarquables, et digne, en tout point, de l'habile directeur de la ferme-école des Landes, qui, comme ingénieur, a habité de longues années la Réunion, que ses fonctions l'ont forcé de visiter et de parcourir constamment et dans tous les sens; puis, si dans la métropole l'agriculture n'occupe, dans les préoccupations du public influent, qu'une place très-restreinte, ne joue qu'un rôle tout à fait effacé, venant loin, très-loin, après les théâtres de Paris, cette interversion des idées n'existe pas et ne saurait exister dans les colonies. Là, qui dit agriculture dit à peu près tout, car l'agriculture y est encore la force initiale et première qui met tout en mouvement, qui donne à tout la vie. S'il y avait, s'il pouvait y avoir le moindre doute à cet égard, l'ouvrage de M. du Peyrat suffirait pour le faire disparaître.

Nous ne suivrons pas l'auteur dans les développements intéressants qu'il présente sur la topographie générale de l'île, le climat, la nature du sol, la culture et la maladie de la Canne à sucre, l'introduction de plantes nouvelles et utiles, les fumiers et engrais, la composition, le caractère et l'accroissement de la population, ainsi que sur la décroissance du rendement en sucre, ni sur les données intéressantes qu'il présente dans un appendice sur les populations de l'île, l'ancienne colonisation, les subsistances, l'influence des bois sur le climat, etc.; nous ne nous arrêterons que sur deux points qui nous semblent d'une importance hors ligne : des faits relatés par M. du Peyrat, il résulterait :

1° Que le climat a été modifié en mal par l'effet des grands et imprudents déboisements effectués depuis un certain nombre d'années. La quantité d'eau tombée serait toujours la même, $1^{m},20$ par an, mais cette masse énorme d'eau ne se répartit plus que sur 60 jours de l'année. Inutile de dire quels sont et quels doivent être les résultats de ces pluies torrentielles dans un pays où la presque totalité de la surface est en pente plus ou moins rapide, et où le sol, d'origine volcanique, est en général léger et friable, par conséquent exposé aux érosions;

2° Que ce sol, par l'effet même de cette modification fâcheuse du climat, et surtout par le fait de la culture continue et sans restitution aucune de la Canne à sucre, a vu sa fécondité primitive et, par conséquent, sa production diminuer d'année en année.

La maladie de la Canne à sucre et le *borer*, ces deux calamités locales qui ont occasionné tant de désastres financiers dans la colonie, ne sont, aux yeux de M. du Peyrat, que des conséquences de l'épuisement du sol. Sans accepter la responsabilité de cette opinion, et de quelques autres émises par l'auteur, nous devons ajouter qu'elle est partagée par plusieurs savants anglais qui se sont occupés de la question dans l'intérêt de la colonie de Maurice, voisine de la Réunion, et qui leur appartient aujourd'hui.

Si l'on rapproche ces deux faits de cet autre fait également signalé par M. du Peyrat, l'accroissement énorme de la population, surtout en membres inutiles fournis principalement par l'immigration indienne (aujourd'hui la Réunion possède 210,000 habitants sur 90,000 hectares de terres productives), on en arrive à cette conclusion désolante que cette île, jadis la plus riche, la plus prospère de nos colonies, est sur la pente qui conduit à la décadence.

En étudiant de plus près les intéressants détails que donne l'auteur sur la culture générale de l'île et sur la culture ancienne et actuelle de l'habitation du Bel-Air, on acquiert la preuve que le mal vient uniquement d'un système de culture mauvais, destructif des forces productives, sacrifiant le grand intérêt de l'avenir au petit intérêt du présent; en un mot et pour me servir d'une expression consacrée, vendant son droit d'aînesse pour un plat de Lentilles. Ajoutons, en terminant, que l'auteur, en exposant les causes du mal, indique aussi les remèdes, lesquels, au reste, ressortent logiquement de cet exposé même.

Nous sommes convaincu que le travail de M. du Peyrat sera d'une grande et sérieuse utilité pour la Réunion et pour les autres colonies placées dans les mêmes conditions.

En conséquence, nous avons l'honneur, messieurs, de vous demander :

1° De décerner à M. du Peyrat, pour son ouvrage sur l'agriculture de l'île de la Réunion, votre médaille d'or à l'effigie d'Olivier de Serres ;

2° D'insérer ce travail dans le recueil de vos *Mémoires*.

Ces conclusions sont adoptées à l'unanimité.

La médaille d'or a été décernée à M. du Peyrat dans la séance publique annuelle du 12 mai 1872.

MÉMOIRE

SUR LA

SITUATION DE L'AGRICULTURE

A L'ILE DE LA RÉUNION, EN 1868.

I. — Description générale de l'ile.

En 1649, de Flacourt, gouverneur de Madagascar, envoie prendre possession de l'île Mascareigne et lui donne le nom d'île Bourbon. Ce ne fut qu'en 1665 qu'elle eut un commandant pour le Roi. En 1674, les Français et quelques Malgaches qui purent échapper au massacre du fort Dauphin arrivèrent à Bourbon pour s'y établir définitivement, et ils donnèrent des noms malgaches aux montagnes et à divers points de l'île.

La première concession de terre a été faite, à Saint-Paul, en 1690. En 1715 on découvre des arbustes de Café dans les bois de l'île, et en 1718 on introduisit le vrai Café originaire de Moka. On voit que la colonisation de cette petite île est assez nouvelle, et depuis la fin du siècle dernier elle a traversé diverses périodes de prospérité et d'adversité alternatives, comme nous le verrons dans le cours de ce Mémoire.

L'île Bourbon n'a que 72 kilomètres de longueur sur 51 de largeur; le contour de la côte est de 207 kilomètres et la route de ceinture a 225 kilomètres de développement. La superficie totale de l'île est de 260,000 hectares; le bord du littoral est seul cultivé et cultivable sur une largeur variant de 3 kilomètres, dans la région de l'Est, à Saint-Joseph, jusqu'à 12 kilomètres et plus dans celle de l'Ouest, à Saint-Leu, Saint-Paul et toute la partie du vent. Depuis quelques années on a abusé des défrichements des bois placés sur les hauteurs, en portant les cultures à une trop grande altitude; elles s'élevaient, autrefois, jusqu'à 500 mètres, et on les a successivement étendues jusqu'à 1,000 mètres; la superficie cultivable est d'environ 90,000 hectares, ou à peu près le tiers de la superficie totale.

L'intérieur de l'île, à l'exception de quelques parties peu importantes, est incultivable; cependant on trouverait encore 15,000 hectares qui pourraient être avantageusement plantés en bois; le reste est aride et présente le chaos de la création de hautes montagnes séparées par de nombreux et profonds ravins, et d'étroites vallées profondément encaissées par des remparts, murailles naturelles de 100 mètres de hauteur, d'un aspect sévère, le plus grandiose et le plus pittoresque que l'on puisse voir.

Des volcans nouveaux sur des volcans anciens ont fait, défait et bouleversé l'île entière, comme nous la voyons; ils ont élevé les montagnes en lançant des matières en fusion de l'intérieur de la terre par la force infiniment puissante de la chaleur interne du globe et lui ont donné le relief si irrégulier que nous lui voyons. Des vides intérieurs, aussi irréguliers et même plus irréguliers que la configuration des montagnes, ont dû nécessairement se produire à des profondeurs plus ou moins grandes et ont été comblés par les affaissements de la surface. C'est ainsi que les cirques, les profondes vallées et les grands ravins ont été formés; puis des masses d'eau tombées du ciel, ou, ce qui est bien plus probable, lancées par les volcans à des époques antéhistoriques inconnues, sont venues entraîner, en les roulant, tous les débris détachés par ces diverses dislocations terrestres.

On peut contester la théorie que nous venons d'exposer si simplement; mais celle des réactions chimiques et électriques de l'intérieur du globe est-elle aussi bien démontrée et aussi compréhensible? Nous ne le pensons pas. Qu'il nous soit donc permis d'adopter le système de la chaleur centrale jusqu'à ce que de nouveaux faits bien observés viennent le renverser et lui en substituer un autre plus clairement démontré.

Les effets volcaniques sont bien plus sensibles dans cette petite colonie que partout ailleurs, car l'on peut suivre la trace d'une multitude de cratères éteints sur tous les points de l'île, dont un seul est souvent brûlant. Il est maintenant situé à l'est, à 2,515 mètres d'altitude, dans une partie tout à fait déserte et brûlée par les coulées récentes. Cette partie désolée n'a pas moins de 8 kilomètres de largeur sur le bord de la mer, et s'étend, en montant, jusqu'au sommet du cratère. Le volcan de Bourbon est un des plus grands de ceux qui sont bien connus; son cratère principal a 220 mètres de diamètre et une grande profondeur apparente; lorsqu'il n'est pas en activité, il exhale presque toujours des vapeurs sulfureuses.

La forme générale de l'île est elliptique, presque circulaire; elle n'a aucun port, les navires mouillent sur des rades foraines; son point culminant, le Gros-Morne, au centre de l'île, est à 3,069 mètres au-dessus de la mer. Un immense affaissement au pied du Gros-Morne forme le bassin très-accidenté de *Salazie*, où trois grandes rivières prennent leur source : la rivière du Mât, la rivière des Galets et la rivière des Pluies; celle-ci est séparée du grand bassin par un contre-fort que, dans le langage local, on appelle la *fenêtre*, dont la crête est à 1,120 mètres d'altitude, laquelle est dominée par le piton isolé, si pittoresque par sa forme en pain de sucre, appelé *Cymendef*, de 2,226 mètres d'altitude.

Salazie possède des eaux alcalines très-salutaires, qui y ont fait établir deux villages, des bains et un hôpital militaire. Ce lieu est très-pittoresque, au pied du Gros-Morne, que l'on appelle aussi les *Salazes*. Son altitude est de 629 mètres au premier village, et 872 mètres à la source.

Il existe, en outre, une source sulfureuse au lieu désert dit *Mafatte*, dans le fond de la rivière des Galets, à 21 kilomètres de la mer, et où l'on ne peut parvenir que par des chemins affreux.

Du côté opposé du Gros-Morne, au sud, se trouve un autre bassin très-incliné, placé sur les divers bras qui forment la rivière Saint-Etienne, la plus abondante de l'île par ses eaux fertilisantes, qui arrosent Saint-Louis et Saint-Pierre, et qui ont fait la richesse de cette contrée. Le vaste bassin de *Cilaos*, où de nombreuses et très-abondantes sources thermales sortent de la montagne, a 1,114 mètres d'altitude. Ces eaux sont de nature alcaline, comme celles de Salazie, mais d'un volume beaucoup plus considérable et bien plus chaudes; il suffit de creuser un trou dans le sol pour avoir un bain dont l'eau se renouvelle sans cesse d'elle-même; sa température varie de 26 jusqu'à 38 degrés centigrades. Un pauvre village s'est établi sur ce point, uniquement à cause des bains, qui y sont assez fréquentés dans la saison. Un autre village avec une église a été placé beaucoup plus bas, au lieu dit l'*Entre-deux;* il est relié à la route de ceinture par un chemin de voiture, et de là aux sources par un chemin de chevaux ou de piétons habilement tracé, par M. Guy de Ferrières, contre des remparts où jamais homme n'avait mis les pieds avant lui.

Les villages assez nouvellement établis dans l'intérieur sont : Salazie et Hell-bourg, Cilaos, l'Entre-deux, Sainte-Agathe, au centre de la plaine des Palmistes, et le Brûlé de Saint-Denis, à 1,000 mètres d'altitude, où les arbres d'Europe, les fleurs, les légumes et les fruits viennent fort bien. Les habitants de la capitale de l'île ont fondé ce village pour aller s'y retremper pendant la saison des fortes chaleurs. Hors de ces petits villages de l'intérieur il n'y a que les plaines des Palmistes et des Cafres qui soient habitées, la première versant à Saint-Benoît (709 à 1,089 mètres d'altitude), et la seconde, à 1,584 mètres d'altitude, versant à Saint-Pierre. Ces deux plaines sont séparées l'une de l'autre par la grande montée.

Quelques cultivateurs intelligents ont été se fixer dans ces déserts depuis que le gouvernement y a ouvert une route partant de Saint-Benoît et arrivant à Saint-Pierre après un parcours de 54 kilomètres; c'est la seule route qui traverse l'île dans toute sa largeur et sur le seul point où il était possible de l'ouvrir, entre le volcan et le Gros-Morne. Elle est terminée depuis quelques années; il ne reste plus que la grande montée, qu'on ne peut franchir qu'à cheval. C'est toujours la partie la plus difficile qu'on réserve pour la fin, il vaudrait peut-être mieux faire le contraire. Les cultivateurs de ces plaines, qui ont, toutefois, une très-forte pente, y élèvent des bestiaux et font du beurre et du fromage d'assez bon goût; ils y cultivent aussi le Maïs et les légumes; l'Avoine et l'Orge paraissent y bien réussir. Les établissements sont encore peu nombreux; néanmoins ils occupent et font vivre environ deux mille personnes, et ils envoient, sur le littoral, quelques denrées qui s'y vendent toujours bien. Ces petits établissements agricoles sont destinés à prendre une plus grande importance dans l'avenir; en attendant, l'argent et la main-d'œuvre leur font défaut. Les commencements de colonisation sont toujours pénibles et difficiles; les premiers occupants le plus souvent s'y ruinent, et finissent par abandonner leurs exploitations après avoir ruiné la fertilité primitive du sol, qui s'épuise dans moins de vingt ans.

Quant à la plaine, très-accidentée, de *Bélous*, qu'on a eu la pensée de défricher, elle est située entre Salazie et la plaine des Palmistes, et d'un accès très-difficile. Elle est à peu près couverte de bois, qu'il conviendrait de conserver, et traversée par quatre bras de la rivière des Marsouins ; elle a 10 kilomètres dans sa plus grande longueur, et 4 kilomètres de largeur moyenne; sa superficie n'atteint pas 4,000 hectares. On ne pourrait, d'ailleurs, cultiver avec avantage que la portion la plus rapprochée du chemin de la plaine, dont le sol est de meilleure qualité que celui du côté opposé avoisinant Salazie, où il est fort mauvais. Nous pensons que la plaine des Palmistes suffira pendant bien longtemps pour occuper les bras qui voudraient s'occuper de ce genre de culture, plus pénible que productif, et qui devient presque impossible sans des chemins viables, qui, dans une localité si tourmentée, coûteraient plus cher à établir que la valeur de la terre, qui s'épuise si vite.

Après les quatre grandes rivières dont nous avons parlé, du Mât, de Saint-Etienne, des Galets et des Pluies, il y en a deux autres qu'il ne faut pas oublier : c'est la rivière des Marsouins, à *Saint-Benoît*, et la rivière de l'*Est*, qui limite la commune de Sainte-Rose, torrent rapide et dangereux dans les débordements. Puis viennent les rivières secondaires de Saint-Denis, de Sainte-Marie et du Charpentier, de Sainte-Suzanne, de Saint-Jean et des Roches, au vent de l'île; de Langevin et des Remparts, à Saint-Joseph; la rivière d'Abord, à Saint-Pierre, où l'on construit un port de commerce. Ces rivières, au nombre de quatorze, six grandes et huit moyennes, roulent, avec des masses d'eau, des roches et des cailloux dans les avalaisons et sont quelquefois dangereuses à passer; elles sont cependant presque toute l'année à sec à leur embouchure, l'eau s'écoulant en dessous, sous une couche de cailloux roulés. Toutes les rivières sont fortement encaissées avant d'arriver à la mer, où elles se jettent en formant un éventail de galets ; l'espace qui les sépare entre elles est fort inégal; ces espaces sont sillonnés, tout autour de l'île, par cent quatre grands et petits ravins, plus ou moins profonds, le plus souvent à sec, mais qui deviennent autant de rivières dans les grandes pluies de l'hivernage. Ces ravins se ramifient à mesure qu'ils s'élèvent, et leur nombre se multiplie tellement, qu'on ne peut les compter. L'île entière est donc sillonnée, du centre à la circonférence, par une infinité de ravins, qu'on appelle ici des ravines, semblables à de profondes crevasses formées primitivement par les volcans et creusées lentement par les eaux. On comprend qu'un sol aussi accidenté a dû considérablement multiplier les difficultés des travaux des routes et des ponts, et la colonie, depuis quarante ans, a fait les plus louables efforts pour franchir tous les obstacles. Elle a beaucoup fait, mais il lui reste encore beaucoup à faire.

La route de ceinture de l'île est bien entretenue et a exigé trente années pour être entièrement terminée; plusieurs autres routes ont été ouvertes à diverses hauteurs et communiquent, sur quelques points, avec la route impériale. Ces routes, sur les hauteurs, sont appelées chemins de ligne. On a franchi de grandes difficultés de terrain pour les ouvrir, surtout dans la partie sous le vent. Plusieurs habitants y ont contribué, et particulièrement M. de Châteauvieux, qui a dirigé les ouvrages du chemin, depuis la ravine des Trois-Bassins jusqu'à l'extrémité de la commune de Saint-Leu, dont il est maire. Ce chemin est fort bien tracé et traverse vingt ravines jusqu'aux Avirons, dont le passage était difficile et sur lesquelles plusieurs ponts en charpente ont été solidement construits.

M. Henry Hubert de l'Ile a fait commencer l'ouverture du second chemin de ligne au-dessus du premier, pendant qu'il était gouverneur de la colonie, et qui porte son nom; cette partie élevée de l'île, autrefois déserte, se peuple peu à peu, et ses petits habitants se livrent à la culture des vivres. Il y a encore plusieurs chemins de ligne en voie de construction, qui, comme ces derniers, ne sont pas achevés; 17 kilomètres sont entièrement ouverts pour les voitures, et 43 kilomètres sont commencés, ou au moins tracés en sentiers pour les chevaux. Ces chemins si utiles ne pourront, de longtemps encore, être achevés.

Encore un bon projet en cours d'exécution, c'est la rectification de la route de ceinture partant de Saint-Paul et allant rejoindre Saint-Leu par le bord de la mer; on évite ainsi de gravir de grandes hauteurs et de monter pour redescendre sans cesse, ce qui est la plus grande faute que l'on puisse faire dans un tracé. L'exécution de cette route est fort avancée.

Saint-Denis est séparé de Saint-Paul par un massif de montagnes, où l'on a malheureusement placé la route de ceinture. Elle s'élève de 650 mètres avec des lacets ou des courbes brusques trop multipliés. Son développement total est de 30 kilomètres, et les mêmes chevaux ne peuvent franchir cette hauteur et en descendre sans s'épuiser; de sorte qu'on ne passe presque jamais par cette route qui traverse un pays aride sans population, on préfère se rendre à la Possession par mer, dont le trajet n'est que de 11 kilomètres au lieu de 30 par la montagne; mais cette petite navigation en pirogue présente bien des inconvénients dans la saison de la mousson, à cause de l'état de la mer et de la grande difficulté de l'embarquement et du débarquement. Il y a quarante ans que nous prêchons dans le désert pour construire la route de ceinture sur le bord de la mer, à travers les remparts abrupts et les ravins; c'est une grande difficulté sans doute, mais dont on peut triompher avec une somme de 2 millions, et la route de ceinture a coûté 24 millions en trente-quatre années (123 francs, en moyenne, le mètre courant, compris les ponts). Ce tracé, le seul rationnel, a eu enfin un commencement d'exécution, grâce à l'initiative du gouverneur M. Hubert de l'Ile, qui a osé faire attaquer la plus grande difficulté du cap Bernard en perçant un tunnel de 100 et quelques mètres de longueur. La route continue ensuite à ciel ouvert contre le rempart, et l'on a commencé à percer un second tunnel à la suite. Malheureusement ces travaux sont suspendus depuis longtemps faute de fonds, et peut-être aussi d'un peu de bon vouloir; ils n'aboutissent qu'à une impasse et n'arrivent même pas jusqu'au lazaret qui est tout près.

Cette portion de route, de 11 kilomètres seulement de développement, rendrait les plus grands services; on pourrait voyager de Saint-Denis à Saint-Pierre par le chemin le plus court, à peu près horizontalement, et avec plus de facilité encore que l'on traverse la partie du Vent jusqu'au Grand-Brûlé, où nous avons tracé autrefois la belle rampe du rempart du Bois-Blanc, sans aucun lacet, et qui a été parfaitement exécuté depuis. On a aussi très-bien passé le Grand-Brûlé de 8 à 10 kilomètres de développement à travers les coulées récentes du volcan, et, de l'extrémité du Tremblet jusqu'à Saint-Pierre, il n'y a que quelques rampes qui nous ont paru bien tracées.

Il ne manque donc à ce beau travail de la route impériale de ceinture que d'achever la partie comprise entre Saint-Denis et la Possession par le bord de la mer. Nous espérons que, aussitôt que la colonie reprendra un peu de son ancienne prospérité, on se hâtera d'achever cet important travail, qui couronnera l'œuvre difficile commencée il y a quarante et un ans, et à laquelle nous avons coopéré avec tant de dévouement. Le gouvernement d'alors, qui apprécia d'abord nos services, ne nous comprit pas toujours bien, et ne nous récompensa pas de tant de pénibles labeurs comme il aurait dû le faire; c'est la première fois que nous en faisons l'observation.

Indépendamment des grands travaux des routes et des ponts, la colonie a élevé plusieurs édifices publics à Saint-Denis, l'église, l'hôpital militaire, le collége devenu lycée impérial, le musée d'histoire naturelle, l'hôtel de ville et sa bibliothèque, la grande caserne, l'artillerie, la banque et plusieurs églises paroissiales nécessaires à l'accroissement extraordinaire de la population. Depuis que Saint-Denis a été érigé en évêché, la religion a fait de grands progrès, et un assez grand nombre de paroisses ont dû être établies autour de l'île, et particulièrement sur les hauteurs, afin que les habitants n'aient pas plusieurs lieues à faire pour se rendre à l'église principale du chef-lieu de leur commune par de mauvais chemins. Parmi ces églises, on peut citer celle des Trois-Bassins, bâtie avec un zèle admirable par son curé, M. Gabin, qui y a mis vaillamment la main lui-même, et l'on est étonné qu'avec de si pauvres moyens il soit parvenu à édifier un si grand vaisseau. Ce digne prêtre dessert maintenant la paroisse du Sacré-Cœur, dont l'église a été projetée et construite par M. de Châteauvieux, à ses propres frais, ainsi que le presbytère, une école de filles très-fréquentée, tenue par des sœurs de Marie, et un hospice pour les pauvres. On a peine à comprendre comment la charité de cette nombreuse et honorable famille est parvenue, à force de persévérance, à faire d'aussi grandes choses avec d'aussi petits moyens.

L'île de la Réunion, comme autrefois l'île Bourbon, est toujours divisée en douze quartiers ou grandes communes, dont les quatre principales sont : Saint-Denis, Saint-Paul, Saint-Pierre ou Rivière d'Abord et Saint-Benoît; toutes sont situées sur le bord de la mer, à l'exception de Saint-Louis et de Saint-André qui n'en sont guère éloignées.

La population de l'île a doublé depuis quarante ans, elle est maintenant de 210,000 âmes; c'est trop, beaucoup trop pour l'étendue cultivable de 90,000 hectares, car il y aurait 2 1/3 individus par hectare; mais cette population est bien loin de s'occuper de la culture du sol, le plus grand nombre se réfugie dans les villes, surtout les immigrants après qu'ils ont fini leur temps, et c'est ce qu'on ne devrait plus permettre à l'avenir. La population de la ville de Saint-Denis augmente avec une rapidité effrayante : en 1830, elle n'était que de 10,000 âmes; en 1851, elle s'élevait à 18,000 âmes; en 1855, à 26,000; en 1858, à 33,000; en 1860, à 36,000, et, en 1868, à 45,000. Cette population ne s'accroît que de pauvres noirs, sans moyens d'existence connus, et d'immigrants asiatiques qui se font détaillants, ou marchands de petits objets, et, si l'on n'y prend garde, elle augmentera au point d'avoir plus de détaillants que de consommateurs; alors elle sera décimée par la misère et engendrera toutes sortes de maladies physiques et morales. Le mal est déjà commencé, et il est temps d'y porter remède en employant tous les moyens légaux pour arrêter l'accroissement de cette population parasite, qui, dans certaines circonstances qu'il est prudent de prévoir, non-seulement compromettra la salubrité publique, comme à Maurice, mais troublera l'ordre et la sécurité des habitants : ventre affamé n'a pas d'oreilles, et l'avenir a toujours son signe qui le précède pour ceux qui savent observer les faits.

Ce sont des travailleurs-cultivateurs dont la colonie a besoin sur les habitations, et non de misérables petits marchands dans les villes, où ils ne font que pressurer les pauvres. Demandez de leurs nouvelles à la police; elle vous apprendra des choses incroyables; le mal n'est-il donc pas visible à tous les yeux de la population saine? De quelle utilité voulez-vous que soient ces paresseux, qui fuient les travaux des champs pour venir habiter la ville, où ils espèrent vivre, misérablement si vous voulez, mais sans travailler de leurs mains. Cette question est capitale, et nous y reviendrons lorsque nous traiterons des diverses races qui composent la population de cette colonie; il faut y songer d'avance, afin de ne pas être pris au dépourvu, et le gouvernement devrait y porter de suite la plus sérieuse attention.

Conservons cette belle perle de la mer des Indes, si riche dans le passé et si pauvre dans le présent; son plus grand malheur n'est pas où on le croit, il est dans sa population vagabonde, qui tend à devenir de plus en plus incapable de cultiver le sol, qui, malgré son épuisement, peut encore être réparé et redevenir fertile, si l'on dispose d'assez de force pour le bien travailler. Regardez de la mer cette île brillante avec ses trois zones tout à fait différentes d'aspect : celle des cultures, celle des bois qui forme une ceinture foncée non interrompue, contrastant avec le vert plus clair des cultures; enfin la zone où toute végétation cesse et qui brille sur l'azur du ciel comme une immense couronne de rubis et de saphirs. Il est impossible qu'un aussi beau pays ne renferme pas d'immenses ressources, si l'on sait en tirer parti, en administrant avec intelligence et vigueur les hommes et les choses, selon les lois éternelles de la justice de Dieu.

Les événements politiques qui se sont succédé depuis 75 ans ont eu naturellement une grande influence sur cette colonie; son nom même a plusieurs fois changé, puis repris et changé encore, ce qui cause quelques embarras pour son histoire; on aurait dû lui conserver au moins l'un de ses noms primitifs et l'appeler *Eden* et non l'île de la Réunion, car réunion de quoi? si ce n'est des sans-culottes d'autrefois; et, si jamais ils s'y réunissent de nouveau, le nom changera encore et ne pourra être que baroque. Celui qui lui conviendra alors le mieux sera celui de l'île misérable ou de la désolation, car la production agricole s'arrêtera aussitôt, et les nouveaux sans-culottes languiront dans le dénûment et la misère. Il ne faut pas être prophète pour prédire ce qui arriverait avec un gouvernement de sans-culottes noirs; mais rassurons-nous, cela n'arrivera pas, les créoles ont trop d'énergie pour se laisser déborder par l'apathie et la paresse native, cause de l'ignorance de la race noire.

Excusez ce petit hors-d'œuvre dans une collation scientifique aussi variée que celle de ce Mémoire; on n'est pas toujours maître de retenir sa plume lorsqu'il s'agit de relever une inconséquence, un non-sens, une absurdité en politique comme en histoire, où les noms propres ne devraient pas avoir d'effet rétroactif. On devrait rendre son ancien nom à l'île Bourbon, et oublier le nouveau, comme on a oublié le calendrier républicain, et uniquement à cause de son origine qui n'est pas en rapport avec les principes de l'empire français, providentiellement rétabli pour arrêter les passions révolutionnaires en ce qu'elles ont de mauvais et de contraire aux intérêts et aux vrais principes de la liberté du peuple français. Que justice soit faite, et tout le monde applaudira.

Nous ne sommes pas venu dans la colonie pour faire son éloge ni sa critique, nous dirons franchement et carrément ce que nous y avons vu, le bien comme le mal, en toute vérité sans la couvrir d'un voile trompeur qui pourrait nuire aux intérêts de son agriculture, objet principal de notre étude. Puissions-nous être compris et rendre encore quelques services à ce cher pays; c'est notre seule ambition.

II. — Climat.

La configuration de l'île, telle que nous venons de la décrire, doit faire pressentir qu'elle est favorisée de plusieurs climats très-différents; les vents généraux soufflent fortement de la région de l'*Est-sud-est* pendant six mois les moins chauds et les moins pluvieux de l'année, et ils continuent même pendant trois autres mois, dans la même direction, mais beaucoup plus faiblement. Les vents d'ouest, qu'on désigne sous le nom de vents du large, soufflent plus rarement, de sorte que les mouvements atmosphériques viennent le plus souvent du même côté, pendant neuf mois de l'année; ils se calment pendant la nuit; le vent de terre descend alors des montagnes sur le littoral, surtout par les ouvertures des grands ravins; sa fraîcheur vient tempérer l'atmosphère chauffée par l'ardeur du soleil de la journée; ce vent est quelquefois assez froid, et il n'est pas prudent de s'y exposer, surtout si l'on est en transpiration.

Les vents généraux sont arrêtés par l'immense massif des montagnes et suivent le contour de l'île, savoir : depuis la pointe du Tremblet, où ils viennent aborder l'île, jusqu'à Saint-Denis d'un côté, et même quelquefois jusqu'à la Possession, où ils viennent mourir; c'est ce qu'on appelle la *partie du vent* où il pleut souvent. Et le côté opposé, depuis la pointe du Tremblet jusqu'à l'extrémité ouest du quartier Saint-Louis, quoique également venté, est pourtant appelé *partie sous le vent*, tandis que la partie depuis Saint-Leu jusqu'à la Possession, étant tout à fait abritée par les montagnes, est dans le calme et où il pleut rarement, devrait seule être qualifiée de partie sous le vent; mais l'usage en a décidé autrement, et cette partie du vent comprend les deux tiers, à très-peu près, du contour de l'ile. C'est une très-bonne chose que l'usage, mais lorsqu'il est appuyé sur la réalité des faits.

La saison des pluies arrive avec la chaleur lorsque le soleil fait son retour du tropique du Capricorne; l'évaporation est alors la plus considérable de l'année; les vapeurs de la terre, encore plus fortes que celles de la mer, s'élèvent, et les nuages qui se forment sur la mer sont attirés et arrêtés par les hautes montagnes, et tombent en pluies abondantes, quelquefois diluviennes. Ce sont ces pluies qui entraînent les terres légères, les plus fertilisantes, à la mer, qu'elles troublent jusqu'à une lieue et plus au delà de la côte; c'est là une cause constante de l'appauvrissement de notre sol à laquelle il est devenu nécessaire de remédier par une bonne culture, comme nous l'expliquerons bientôt.

Les nuages se forment, en général, très-près de notre île dans l'été, et les pluies de cette saison viennent de la mer ou descendent du sommet des montagnes; les grandes pluies ne viennent donc pas de très-loin, amenées par les vents généraux comme quelques personnes l'ont cru, puisqu'il pleut très-peu dans la saison où ils règnent. Cette remarque est très-importante pour expliquer l'influence des bois sur la répartition des pluies, et nous disons (appendice 4) qu'une nappe d'eau comme la mer, par exemple, évaporant un, une masse de bois évapore au moins un et demi et même beaucoup plus, selon que le bois est plus ou moins serré.

L'influence des forêts sur le climat est donc incontestable, et peut-être est-elle encore plus forte à Bourbon qu'en Europe, où la variété incessante de la direction des vents fait circuler les nuages en sens opposé, ce qui multiplie le nombre de jours de pluie dans l'année. Ce nombre est plus du double en France qu'à l'île Bourbon; dans le midi de la France, qui est moins pluvieux que le nord, il pleut 122 jours par an, tandis qu'à Bourbon il ne pleut ordinairement que pendant 60 jours; nous entendons des pluies qui pénètrent le sol et non des petits grains aussitôt évaporés que tombés, et pourtant il y tombe, en moyenne, 1 mètre 10 centimètres d'épaisseur d'eau dans l'année, et, en France, seulement 70 centimètres. On le voit, ce n'est pas la quantité d'eau qui nous manque, c'est sa répartition sur un plus grand nombre de jours de l'année qui rend un climat assez humide pour activer d'une manière incessante et régulière la végétation. Il nous semble qu'on peut conclure de ces observations comparatives que les forêts sont nécessaires pour rafraîchir et régulariser le climat, et, par suite, diminuer les longues sécheresses et les grandes averses dont souffre notre colonie.

Le climat varie sensiblement d'un quartier à l'autre; il est évidemment plus pluvieux au vent que sous le vent de l'île et la température s'abaisse à mesure qu'on s'élève. Les observations météorologiques n'ont malheureusement pas été tenues partout avec assez de suite et de régularité pour en déduire les résultats avec le degré d'exactitude désirable. Nous sommes obligé d'avoir recours à nos anciennes observations qui datent de trente ans; elles nous donnent les résultats suivants qui ne sont probablement exacts qu'à un degré près.

La température au bord de la mer varie selon la saison, de 19°.25 à 32°.50; moyenne de l'année, 23°.75; soit 24°.

A 100 mètres au-dessus de la mer, elle varie de 18° à 31°.25; moyenne de l'année, 22°.50; soit 23°.

A 350 mètres d'altitude, elle n'est plus que de 10° à 25°; moyenne de l'année, 19°.37; soit 20°.

A 600 mètres d'altitude, elle n'est plus que de 7°.50 à 22°.50; moyenne de l'année, 16°.25 au vent et 19° à Salazie.

En s'élevant encore, elle descend dans une progression très-croissante, quoique les rayons solaires soient très-ardents. Nous l'avons observée à 2,000 mètres d'altitude pendant une nuit du mois de juillet, et nous avons trouvé que notre thermomètre marquait 5°.60 *au-dessous de zéro;* et il est fort probable qu'il descend à —8°.50 sur le piton des neiges, point culminant de l'île, ce qu'il ne nous a pas été possible de vérifier dans la saison convenable. Il résulterait de nos observations qu'en moyenne le thermomètre centigrade, à l'air libre et à l'ombre, diminue de 1°.25 par chaque 100 mètres de hauteur verticale; soit 1° centig.

Le baromètre, quoique indiquant des marées diurnes bien plus régulières qu'en Europe, est en général stationnaire toute l'année pour la plupart des yeux, excepté à l'approche d'un cyclone qu'il annonce toujours avec certitude; chacun l'observe alors avec beaucoup d'attention. On a observé des dépressions, 24 heures avant un ouragan, de 4 lignes jusqu'à 8 lignes et même quelquefois jusqu'à un pouce ou 27 millimètres dans les plus forts coups de vent qui ont dévasté la colonie, comme celui de 1806 de triste mémoire.

On voit, par les détails dans lesquels nous venons d'entrer, que le climat varie selon la position, les abris et l'altitude des lieux; de cette configuration si accidentée du terrain, résultent nécessairement plusieurs climats différents propres à la culture d'un grand nombre de plantes. Tout vient, en effet, parfaitement à Bourbon lorsqu'on cultive bien; les bois, les fruits et les fleurs y paraissent plus éclatants qu'ailleurs; le caractère sociable des habitants, l'affabilité des familles créoles embellissent le séjour délicieux de cette petite île véritablement admirable. *O fortunatos! nimiùm sua si bona nôrint, agricolas!*

Mais le démon du luxe et de la richesse apparente est

venu détruire ce bonheur si paisible des champs, en nous donnant à la place la pauvreté réelle.

III. — Nature du sol.

Formation du sol volcanique. — Le sol de Bourbon a été primitivement incandescent, car il est partout composé de couches de laves superposées, ce qui fait remonter l'époque de sa première formation à un grand nombre de siècles. Voici comment le travail du temps a produit la terre végétale : la coulée vomie par le volcan a varié de nature selon les temps, et de nos jours encore elle est plus ou moins dense, plus ou moins fluide et se cristallise sous diverses formes en se refroidissant lentement, quoiqu'elle conserve la chaleur rouge jusqu'à la mer, où elle se jette après un parcours d'environ 6 kilomètres depuis le cratère, et, sa vitesse allant en décroissant, elle met ordinairement deux mois à parcourir cette distance, quoiqu'il y ait des exemples où elle est arrivée en 8 ou 10 heures jusqu'à la mer.

La lave en fusion suit les ondulations irrégulières du terrain et prend une couleur noirâtre lorsqu'elle est refroidie; il arrive un moment où la différence de température de sa surface avec le dessous brise cette surface pour donner passage aux gaz qui s'échappent par d'étroites fissures dont les parois sont tapissées par du soufre natif que les gaz y déposent en passant. On voit la chaleur rouge au fond de ces fissures lorsqu'on peut déjà marcher sur sa surface devenue noire et dure, puis le refroidissement devient complet après quelques jours.

Voilà le sol primitif de l'île Bourbon, ce qui n'empêche pas qu'il renferme souvent plusieurs minéraux différents d'une formation beaucoup plus ancienne que la lave actuelle, particulièrement le granit qui a été soulevé et fortement chauffé, ce qui le rend souvent friable; le basalte en roche et plus rarement en forme de colonnes prismatiques très-pittoresques et diverses autres roches fort dures dont nous ne devons pas nous occuper ici, pour ne pas trop sortir de notre sujet (1).

C'est ce sol primitif de laves de couleur noirâtre qui devient bientôt grisâtre en prenant peu à peu la consistance de pierre médiocrement dure, criblée de petits trous ovoïdes, causés par le refroidissement, et cette espèce de pierre est généralement employée pour bâtir; c'est ce sol que les influences atmosphériques vont peu à peu désagréger pour le transformer. Il contient en lui-même les éléments minéraux nécessaires à la végétation qui va bientôt se produire, mais il ne peut, par son origine ignée, contenir des germes végétaux et animaux; les vents les lui apportent avec des tourbillons de poussière qui remplissent les interstices de ce sol; la végétation commence alors à se montrer par quelques Lichens et une herbe d'abord clair-semée, assez vigoureuse, analogue à la Fougère et que nous supposons comme elle riche en potasse.

Les détritus de ces premiers végétaux restent sur le sol et l'enrichissent encore bien peu, mais cependant assez pour que les semences apportées par les vents, qui n'avaient pu d'abord y germer, se trouvent plus tard dans les conditions nécessaires pour s'y développer, et de nouveaux végétaux, d'une organisation en apparence plus compliquée que les premiers, viennent couvrir le sol d'une seconde végétation plus verdoyante. Puis arrive une troisième, une quatrième végétation, tant la Providence est inépuisable dans ses moyens de création; les arbustes apparaissent, les bois les suivent, et, après un siècle, le sol finit par être entièrement couvert d'une riche végétation.

Les bois produisent, par leurs dépouilles, des masses d'humus, et l'humus, en se mélangeant avec les principes

---

(1) Le sol volcanique contient, en outre, des scories, des pouzzolanes, des cendres, du verre, du soufre, du fer sous divers états de combinaison, etc.

primitifs minéraux du sol, le transforme à la longue en terrain fertile, renfermant tous les éléments nécessaires à la nutrition des plantes cultivées.

On peut suivre assez exactement les progrès graduels de cette végétation aux environs du volcan de Bourbon; on nous a montré à Sainte-Rose un bois assez touffu, de 4 à 5 mètres de hauteur, où la coulée de la lave avait passé en 1745; on peut même apprécier, par les bois voisins, le temps nécessaire à cette transformation arborescente jusqu'à cent ans environ, au delà desquels la tradition des petits habitants de ces contrées isolées ne remonte pas. Ce qui est surtout bien resté dans leur souvenir et dont les vieillards se rappellent parfaitement, c'est le terrible coup de vent de 1806, qui a, d'ailleurs, laissé de profondes traces en creusant des ravins, et la grande éruption de 1812 qui fut si formidable et projeta sur l'île entière une poussière fine vitrifiée, qui salit et gâta tous les légumes des jardins au point de ne pouvoir les manger.

Composition du sol. — Ces préliminaires étaient nécessaires pour expliquer l'origine de la formation graduelle du sol, l'analyse chimique étant tout à fait insuffisante à cause de l'impossibilité de bien choisir les échantillons de même composition; les praticiens préfèrent le plus souvent apprécier les causes de la fertilité du sol par les plantes qu'il produit spontanément et par ses propriétés physiques d'absorption de chaleur et d'humidité.

Le sol de l'île Bourbon est généralement couvert de grosses roches et de cailloux roulés; il est partout perméable comme un filtre, ce qui contribue à sa sécheresse naturelle, et au premier abord on ne le croirait pas aussi fertile. Il est composé de la désagrégation des roches laviques et basaltiques que la végétation spontanée a plus ou moins recouverte d'humus, mais il contient en outre, selon les localités, quelque peu d'argile, et il était primitivement riche en sels potassiques et en acide carbonique. D'où peut provenir l'argile? Ce ne peut être que des volcans qui, dans les temps anciens, l'ont vomie sous forme de boue, lancée des profondeurs de la terre par des masses de vapeur et d'eau bouillante, comme on voit encore un grand nombre de volcans de ce genre dans plusieurs pays. Le feu et l'eau ont tour à tour bouleversé l'écorce terrestre en ramenant les couches intérieures à la surface ; sans cela l'inclinaison de celles qui ont évidemment été lentement déposées par les eaux serait inexplicable, car il est impossible de supposer que le Créateur les ait placées comme elles existent maintenant d'un premier jet. Cette supposition renverserait toutes les observations et serait tout simplement absurde.

Voilà comme nous comprenons le dépôt de l'argile qui s'est répandue et mélangée dans le sol par des courants diluviens ; il en contient, du reste, fort peu relativement au sable basaltique répandu partout en grande abondance, et, lorsqu'on parle ici d'un sol argileux, on doit entendre une terre plus forte, ayant plus de consistance que la plupart des autres terres généralement sablonneuses, et non un sol réellement argileux et plastique, comme il en existe en Europe, où des champs en contiennent souvent 50 pour 100, tandis que les terres les plus fortes de Bourbon n'en renferment pas plus de 5 pour 100.

Quant à l'élément calcaire, il pourrait aussi être produit par les mêmes causes que l'argile, mais il fait généralement défaut dans les terres en culture, si ce n'est par quelques rares débris de coquilles marines et terrestres, auxquels on peut ajouter les enveloppes d'une infinité de petits insectes accumulés par les siècles, et ces infiniment petits peuvent bien produire à la longue de grands effets. Nous appelons l'attention des savants sur ce point.

On nous assure qu'on trouve quelques veines calcaires dans l'intérieur de l'île, que, malgré nos recherches, nous n'avons pu découvrir ; si elles existent, elles ne peuvent provenir que de bancs coquilliers ou de madrépores qui ont été soulevés, fortement chauffés et décomposés par les volcans. On remarque quelques bancs de coraux qui ont été soulevés assez près de la côte, et particulièrement dans une rue de la ville de Saint-Pierre. Le calcaire est fort utile à la végétation des graminées qui assimilent une partie appréciable de chaux ; la Canne à sucre en a besoin et elle est plus avide encore de phosphate de chaux dont nous parlerons plus loin, lorsque nous traiterons la question importante des engrais.

On voit que, sans recourir à l'analyse des terres, toujours fort indécise, nous trouvons que le sol de l'île Bourbon est composé des débris des roches basaltiques et laviques et d'humus, et qu'il contient, en outre, de l'argile, des sels potassiques et magnésiens, de l'acide carbonique, et très-rarement quelques débris calcaires ou plutôt coquilliers. Tous ces éléments sont mélangés, ou combinés ensemble par les réactions chimiques et par l'air salin de la mer, qui supplée, jusqu'à un certain point, au manque de calcaire.

L'ancien sol de l'île Bourbon était donc composé de principes élémentaires fort riches avant qu'une culture trop excessive soit venue l'épuiser. On ne peut maintenant rétablir sa fertilité que par une culture alterne, par le repos, qui reconstituera peu à peu les sels fertilisants qui ont été absorbés par la culture de la Canne à sucre trop longtemps prolongée sur les mêmes champs ; d'un autre côté, la couverture du sol augmentera, par ses débris végétaux, l'épaisseur de la couche d'humus qui diminue tous les ans un peu plus par les grandes pluies. C'est en faisant entrer, graduellement, dans la pratique agricole les divers moyens que nous avons déjà indiqués, et que nous développerons encore davantage, qu'on atténuera les effets désastreux de la sécheresse prolongée, et que la végétation reprendra son ancienne vigueur. Excusez notre insistance sur des vérités aussi utiles, il est nécessaire de les répéter pour qu'elles ne passent pas inaperçues comme tant d'autres choses. Nous vivons dans une époque où les événements du lendemain font oublier ceux de la veille, il faut de la mémoire pour retenir les uns et les autres et savoir les coordonner entre eux, afin de nous diriger dans la bonne conduite de nos affaires, et de ne pas nous laisser dominer par le démon inconstant de la mode qui change chaque jour.

IV. — Maladie de la canne a sucre.

La Canne à sucre est malade, parce que la variation du climat a rendu le sol malade; nous allons essayer d'expliquer les causes du mal et d'indiquer les remèdes pour le guérir.

Posons d'abord en principe qu'il n'est pas possible que la même plante soit toujours cultivée sans engrais sur la même terre avec profit, comme on ne le fait que trop, et beaucoup trop dans cette colonie; l'expérience de tous les temps et de tous les pays prouve que les sels contenus dans le sol, et qui nourrissent la plante, finissent à la longue par s'épuiser; alors la végétation se ralentit peu à peu, la plante sèche et jaunit; elle souffre, languit et s'étiole, elle est évidemment malade; le germe de sa décomposition putride se développe, les insectes viennent la dévorer; sa désorganisation arrive à son dernier terme, la plante est morte. C'est ce qui arrive à la Canne à sucre et à plusieurs autres plantes à l'île de la Réunion, depuis plusieurs années (1).

Mais il y a d'autres causes aussi puissantes pour expliquer cette terrible maladie. Il est reconnu que la sécheresse du climat a augmenté par le déboisement trop excessif, et par les incendies de vastes étendues sur les hauteurs de l'île, souvent produits par l'imprudence, et quelquefois par la malveillance; la sécheresse du sol s'est surtout accrue par la déperdition de l'humus entraîné à la mer sur des pentes rapides par les grandes pluies de l'été. Les causes

---

(1) Voici comme on assole maintenant : 1re année, plantation ; 2e année, coupe et dessouchement pour replanter immédiatement jusqu'à ce que la terre refuse de produire ! Quel sol résisterait à un semblable labeur sans aucun amendement? *Est-ce que la maladie de la Canne ne serait pas dans l'esprit des habitants ?*

de la maladie qui a ruiné la colonie en quelques années sont multiples, et nous croyons devoir les développer sous toutes les formes possibles, pour exposer les faits avec la plus grande clarté et les mieux fixer dans l'esprit des cultivateurs.

Nous avons expliqué, dans une précédente Notice insérée au *Moniteur de la Réunion* (appendice 4-5), comment le déboisement avait augmenté la sécheresse naturelle du climat, et pourquoi la diminution du nombre de jours de pluie dans l'année est la conséquence nécessaire des grandes avalaisons qui, à leur tour, ont entraîné l'humus accumulé par les siècles; et il importe de bien remarquer que cette déperdition continue de l'humus est une seconde cause de la sécheresse du sol, qui n'est certainement pas moins considérable que la première. En effet, la chaleur et l'humidité sont les deux grands moteurs de la végétation ; et l'humus, produit par la décomposition des végétaux, a la propriété d'absorber et de retenir plus d'eau et de chaleur que toute autre nature de terre. L'humus entretient donc la fraîcheur du sol, et la plus grande faute que l'on puisse commettre dans la culture est de le laisser entraîner par les eaux pluviales hors des champs; c'est malheureusement la faute que l'on a commise depuis longtemps, et que l'on commet encore plus que jamais, par les mauvais procédés de la culture en usage.

Tout a concouru à l'épuisement de ce sol autrefois si riche, auquel on continue de demander beaucoup plus encore que dans le passé, sans lui rien restituer. Cela est-il raisonnablement possible ? Il est évident, pour nous, que la maladie provient de la détérioration du climat et, par suite, de la dégradation du sol cultivé; on a oublié pendant trop longtemps les lois naturelles de la végétation, et ici, comme partout et toujours, l'homme est justement puni par où il a péché; il s'est ruiné, il se ruinera encore davantage, pour vouloir s'enrichir trop vite.

A d'aussi grands maux il faut nécessairement appliquer

de grands remèdes. Nous avons d'abord indiqué les moyens simples, peu coûteux et, bien entendu, non obligatoires pour les habitants, de reboiser graduellement tous les terrains incultivables de la colonie, et ils sont fort étendus. Le gouvernement viendrait naturellement en aide, et donnerait le bon exemple, en aménageant ses réserves d'après les meilleurs principes, sous la haute direction d'un conservateur général des eaux et forêts, qui serait l'instructeur obligeant de tous les habitants qui réclameraient ses services. Quant au système de culture à suivre, il est parfaitement connu, et une longue expérience faite sur les habitations du Bel-Air en a démontré le mérite; il consiste à produire et à retenir l'humus sur les champs par l'alternance des cultures de nature différente, ou, en d'autres termes, par la couverture du sol pour le tenir frais et arrêter les eaux pluviales. L'emploi des engrais appropriés à chaque nature de plante et de sol est maintenant devenu indispensable, comme nous l'expliquerons bientôt, et cette étude ne peut être bien faite que par des essais pratiques sur les habitations.

L'alternance des cultures et les engrais, voilà les deux grands principes de l'agriculture de l'Europe, qui serait depuis longtemps devenue déserte, si elle avait toujours été cultivée comme on cultive à présent à l'île de la Réunion, surtout depuis quelques années, car autrefois les créoles de cette colonie étaient d'excellents cultivateurs, ils assolaient leurs terres avec soin, et M. Joseph Desbassayns leur servait de guide à cette époque, en appliquant sur ses habitations les meilleurs procédés de la culture. C'est au milieu de ces créoles que nous avons fait nos premières armes, il y a bientôt quarante ans, et maintenant nous nous permettons de leur rappeler l'ancien temps, et de leur donner quelques conseils qui nous sont suggérés par notre longue et laborieuse pratique agricole.

Pour peu que l'on observe avec attention l'état actuel du sol de notre chère colonie, on s'aperçoit d'autant plus vite que son ancienne fertilité a considérablement diminué, lorsqu'on l'a perdue de vue pendant plus longtemps; son dépérissement devient alors bien plus sensible qu'à ceux qui n'ont pas quitté leur pays. On aperçoit mieux la nécessité de rentrer dans la bonne voie d'autrefois, qu'on a eu le tort d'abandonner, pour se lancer à corps perdu dans les grandes spéculations agricoles, absolument comme on le fait trop souvent dans le commerce; et, si l'on continue de suivre les mêmes errements, on peut être certain qu'on finira bientôt par épuiser entièrement le sol, on tuera la poule aux œufs d'or, on ne récoltera plus que la ruine et la misère.

Mais revenons à la maladie de la Canne, persuadé, comme nous le sommes, que nous ne convaincrons pas tous les spéculateurs affamés de dévorer la terre pour s'enrichir. Pour se justifier de planter Cannes sur Cannes indéfiniment, ils ne manqueront pas d'objecter que nos théories sont erronées, et ils croiront en donner la preuve triomphante, en citant quelques champs de Cannes plantées en terre neuve, par conséquent non épuisée par la culture, qui ont cependant été malades et dévorées par le borer comme les autres, et même plus que les autres, ajouteront-ils. Cette observation est vraie, et il en est jusqu'à trois que nous pourrions compter, mais nos contradicteurs ne songent pas que les causes de la maladie sont multiples, et nous venons de dire que la principale provient de l'excès de la sécheresse du climat, car il est bien facile de remarquer que les années sèches sont beaucoup plus mauvaises que les années pluvieuses; et, d'ailleurs, la cause tient aussi à une maladie épidémique qu'on peut désigner sous le nom de choléra végétal et qui, quoique parfaitement inconnue, n'en est pas moins parfaitement certaine par ses effets désastreux. Qu'y a-t-il d'étonnant alors que la maladie se communique des champs épuisés à ceux qui ne le sont pas? Quant au borer, qui désorganise et infecte le cœur de la plante, l'explication est encore bien plus facile, puisque l'insecte se transforme en papillon nocturne qui voltige en montant ou en descendant, selon les circonstances de l'atmosphère ou de la saison, et va pondre partout ses œufs si nombreux, et toujours de préférence sur les Cannes déjà atteintes par la maladie, tant l'instinct de ce petit animal est merveilleux !

Le borer n'a pas été introduit nouvellement dans la colonie comme beaucoup de personnes l'ont cru ; il existe depuis longtemps comme dans d'autres pays; seulement les conditions atmosphériques ont été très-favorables à son éclosion depuis plusieurs années consécutives, et sa reproduction s'est multipliée d'une manière effrayante. Cette même circonstance se présente pour d'autres insectes qui dévorent plusieurs autres végétaux et même jusqu'au coriace Chiendent; c'est une nouvelle preuve que cette multitude innombrable d'insectes si divers provient d'une modification dans la constitution physique du climat. Nous avons vu autrefois des nuées de sauterelles; ce fléau, heureusement passager, était autrement destructeur que le borer, et un beau champ de Cannes à M. Vuatelet, à la Possession, fut entièrement dévoré dans une seule journée, il n'y resta pas une seule feuille verte. Voilà à quoi l'on est exposé dans la zone intertropicale, les dégâts des insectes ne sont pas nouveaux, et dans l'ancien temps on introduisit à Bourbon *les martins* pour leur faire la guerre, et ces braves oiseaux ont rendu et rendent toujours de grands services; la loi les protége, mais nous voudrions qu'en général les hommes comprissent mieux leur utilité, ainsi que celle de tous les animaux domestiques qui sont de si puissants auxiliaires de leurs plaisirs et de leurs travaux. Nous saisissons cette occasion pour exprimer le vœu qu'une Société protectrice des animaux, alliée à celle de Paris, s'établisse dans cette colonie, pour répandre ces saines et salutaires idées, qui ont une grande influence sur la douceur des mœurs des populations.

Nous n'avons pas encore tout dit sur le borer; on nous affirme qu'il a été introduit dans la colonie par des plants de Cannes, venus de l'étranger, qui auraient été infestés; mais, en admettant ce fait que nous n'avons pas eu l'occasion de vérifier comme certain, on peut aussi admettre que ces insectes ne se fussent pas multipliés d'une manière si extraordinaire s'ils n'avaient pas trouvé à Bourbon un milieu et une prédisposition dans les végétaux on ne peut plus favorables à leur développement, et il en est absolument de même à Maurice.

On a essayé bien des procédés de destruction du borer; on lui a fait la chasse par le retranchement et le brûlis des parties malades de la plante, et l'on a quelquefois employé le feu lorsque le champ était entièrement envahi; c'était un mauvais moyen, il eût mieux valu essayer de faire la chasse aux papillons dès le principe de l'invasion, en allumant des feux la nuit, entourés de bailles d'eau pour les attirer par la lumière et les noyer par l'eau, nous ne croyons pas à l'efficacité de ce moyen. On a ensuite injecté de l'acide phénique délayé dans cent fois son poids d'eau, ce qui produisait, à ce qu'on nous a dit, un assez bon effet, mais on n'a pas continué parce que ce procédé coûtait trop cher relativement à la rareté de la main-d'œuvre et à la gêne des habitants; en définitive, rien n'a réussi. Reste à savoir si toutes ces expériences, qui montrent l'ardeur intelligente des habitants, ont pu être faites avec tout le soin et la persévérance nécessaires. Il faudrait chercher et trouver un poison qui tuât l'insecte, en se combinant avec la séve, et activât la végétation de la plante sans nuire à la qualité du jus ou du vesou; ce poison, incorporé dans un engrais énergique, pourrait avoir quelques chances de succès. Un habitant intelligent s'est approché de cette idée en employant des tourteaux de résidus de sucrerie, qui donnent une grande force de végétation à la Canne, et il prétend qu'avec cet engrais il est parvenu à combattre avec succès le développement du borer.

Voilà à peu près tout ce que nous avons pu savoir, jusqu'à présent, des essais tentés à la Réunion pour détruire le borer. Nous pensons qu'il est fort probable que tout ce que l'on pourra faire pour opérer cette destruction n'aboutira à aucun résultat important, et que l'on ne trouvera que des palliatifs, car *le mal n'est pas le borer, c'est la maladie de la plante qui l'attire et le développe*; et d'ailleurs, l'instinct des insectes est extraordinaire pour échapper à tous les piéges de l'homme, qui, presque toujours, est impuissant pour combattre ces innombrables légions d'animalcules, et les empêcher de dévorer les récoltes auxquelles elles font un tort immense. En France, et seulement pour les hannetons, M. Payen estime la perte, d'après des moyennes bien constatées, à la somme énorme de 1 milliard. On a quelquefois réussi à détruire les insectes qui vivent de végétaux par des insectes carnivores qui les tuent sans tuer la plante, et l'on a remarqué, ici, que trois espèces d'insectes font la guerre au borer, en s'introduisant dans la Canne ou dans la tige du Maïs, pour dévorer la chenille; mais ces insectivores, perce-oreille ou autres espèces, ne sont pas assez nombreux, et il faudrait pouvoir les multiplier. En France, on préconise la conservation des oiseaux insectivores, et, particulièrement, les oiseaux nocturnes et les crapauds. Tous ces moyens, assurément fort ingénieux, ne peuvent être bien étudiés que par des naturalistes qui se livrent à de laborieuses recherches, et, malgré les bons résultats qu'ils ont déjà obtenus, il y a encore beaucoup plus à faire que de fait dans cet ordre d'idées.

On voit que notre pauvre colonie n'est pas le seul pays qui soit ravagé par les insectes; seulement le désastre est proportionnellement plus grand qu'en France, et surtout plus apparent, mais peut-être aussi que les moyens de préservation sont beaucoup plus faciles. En connaissant bien les causes qui ont graduellement amené la maladie végétale qui nous ruine, nous pourrons graduellement y porter remède, en rétablissant les bois et surtout l'humus de nos champs, qui seul peut assurer leur fertilité d'après la constitution de notre sol, comme nous le verrons plus loin.

Telles sont les causes les plus raisonnables que, dans l'état actuel des choses, nous puissions donner de la maladie de la Canne, en dehors desquelles il n'y a plus que des suppositions hasardées ou empiriques, qui ne peuvent s'appuyer sur aucun principe scientifique. Tout ce que nous avons dit peut se résumer en quelques mots : nous croyons fermement, et nous ne saurions trop le répéter, que la maladie de la Canne tient à une altération du climat, que cette altération tient au déboisement d'une part et à la diminution continue de l'humus des champs d'autre part, que la sécheresse qui résulte de cette double cause engendre la maladie de la Canne qui, à son tour, attire et développe le borer, les poux de diverses espèces et plusieurs autres insectes microscopiques que nous ne pouvons apercevoir à la simple vue (1).

Il ne faut pourtant pas désespérer de l'avenir, nous rentrerons encore, et peut-être bientôt, dans une période pluvieuse qui diminuera beaucoup le mal, mais, lorsque nous y serons entrés, ne nous faisons pas de nouvelles illusions, nous ne jouirons que de quelque temps de répit ; ne nous laissons plus séduire par de folles espérances, soyons, au contraire, bien convaincus que la maladie reviendra et persistera tant que les causes qui l'ont produite existeront. Travaillons donc avec ardeur pour les faire disparaître dans l'avenir par l'emploi d'un meilleur système de culture que nous allons exposer dans l'article suivant.

V. — Culture de la canne a sucre.

La végétation spontanée n'a besoin ni de culture ni d'engrais, elle se nourrit de ses dépouilles qui se décomposent

---

(1) Insectes de la Canne à sucre ; *borer (tortrix sacchariphaga), coccus sacchari* (Guérin-Mén.), pou à poche blanche ; *oleyrodes* (Signoret), *diathrœ sacchari, casteralphes Iceryii, lecanium Guerinii, delphax saccharivora*.

en humus, et le sol, au lieu de s'épuiser, s'améliore sans cesse lorsqu'il est couvert de bois.

Aussitôt que des hommes entreprenants et laborieux viennent s'établir sur un même point, pour y vivre en société et y fonder une colonie, ils défrichent d'abord et, pour aller plus vite, ils brûlent les bois pour cultiver le sol et satisfaire leurs nombreux besoins. Quelle que soit la fertilité naturelle d'un sol, il finit toujours par s'épuiser dans un temps plus ou moins long, si on ne lui rend pas les éléments que les récoltes successives lui enlèvent nécessairement; c'est ce qu'on appelle la loi de restitution, et cette loi réparatrice n'a jamais été bien appliquée dans cette colonie; aussi, voyez ce qu'elle est devenue après plus d'un siècle de culture. Quelle différence entre le sol de l'île Bourbon des temps passés, et celui de la Réunion des temps présents.

Dans tous les pays bien cultivés, on a toujours cherché à réparer les terres en les engraissant avec du fumier, car les premiers hommes virent de suite que, là où les animaux rejetaient leurs excréments, la végétation devenait très-vigoureuse; mais ils s'aperçurent aussi bientôt qu'ils ne pouvaient produire assez de fumier pour maintenir les terres dans leur état de fertilité primitive.

L'épuisement graduel et continu fit chercher d'autres moyens : les Romains commencèrent par enfouir des plantes vertes dans le sol et particulièrement du Lupin, puis ils adoptèrent le repos de la terre ou la jachère qu'ils transmirent à l'Occident et qui, après tant de siècles, est encore en usage dans beaucoup de pays et le sera encore longtemps dans les terres pauvres à cause de la difficulté de produire assez de fumier pour les rétablir. Dans les temps modernes, assez récents, on observa que les diverses plantes cultivées n'épuisaient pas toutes également le sol, que plusieurs, au contraire, l'enrichissaient des débris de leurs feuilles et de leurs racines, et l'on a eu la bonne pensée d'imiter, du moins en partie, la végétation naturelle des forêts, en introduisant dans la culture les plantes feuillues. On multiplia les essais, on découvrit que toutes les plantes ne s'assimilent pas les mêmes éléments nutritifs et qu'elles les puisent plus ou moins profondément dans le sol et dans l'air. On fit, en conséquence, succéder les plantes chevelues ou plantes pivotantes, les céréales qui épuisent, mais nécessaires à la nourriture des hommes, aux fourrages qui améliorent, mais nécessaires à la nourriture des animaux indispensables pour les travaux des champs et qui, de plus, sont producteurs de fumier. De ce moment la science agricole fut en progrès; on retarda l'épuisement en faisant alternativement jouer une plus ou moins grande épaisseur de sol et l'on est arrivé à le défoncer à une profondeur au moins double de celle cultivée par les anciens. C'est là un nouveau progrès tout récent. C'est ainsi qu'on est arrivé graduellement, par une suite d'expériences pratiques, à la culture alterne et à la théorie des assolements les mieux combinés relativement à la nature du sol et du climat. Il a fallu des siècles d'observations pour arriver aux perfectionnements où nous sommes parvenus, et cependant la science est encore loin d'avoir dit son dernier mot sur les importantes questions. — Ne nous laissons pas séduire par de trompeuses illusions, élevons-nous jusqu'aux grandes lois de la végétation, et nous verrons d'abord que toute culture est épuisante de sa nature lorsqu'elle retire plus de la terre qu'elle ne lui rend, et qu'à la longue elle doit nécessairement finir par absorber les principes fertilisants qu'elle contient. Tout ce que peut faire le bon cultivateur, c'est de retarder cet appauvrissement graduel par ses intelligents labeurs, tel est l'objet de l'art agricole; mais le cultivateur est impuissant pour l'empêcher indéfiniment: la terre doit fatalement finir par s'épuiser dans la suite des siècles, un peu plus tôt un peu plus tard, selon qu'on l'amende, par la raison que l'homme détruit beaucoup, répare peu et ne crée rien.

L'exposition de ces principes était nécessaire pour bien apprécier leur application à cette colonie dont le sol et le climat sont si différents de ceux de l'Europe. Sans doute, les principes généraux sont partout les mêmes ; mais les modes de culture doivent nécessairement varier selon les circonstances, et c'est en cela que consiste le savoir pratique de l'art agricole.

M. Joseph Desbassayns a été le premier introducteur de la culture alterne à l'île Bourbon ; il l'a pratiquée pendant plus de quarante ans sur ses habitations, et il s'en est toujours bien trouvé. Son système de culture fut aussi adopté par son frère Charles Desbassayns qui, de son côté, fut le promoteur de tous les perfectionnements de la fabrication du sucre, de concert avec le savant M. Wetzell et son ami du Peyrat.

M. Charles Desbassayns s'occupa, toute sa vie, des affaires publiques, et son ardent patriotisme ne faiblit jamais ; il aima son pays au-dessus de toutes choses en ce monde ; il lui donna tout son temps et sa fortune. Il est mort en 1863, président du Conseil général de la colonie, et, malgré ses immenses efforts, il n'a pu réussir à asseoir la prospérité de son cher pays sur des bases solides ; il est mort à la peine, travaillant avec la même ardeur jusqu'à son dernier jour ; il est mort dans le sein de l'Église qu'il avait tant contribué à faire aimer et respecter.

Pendant plus de quarante ans les deux frères Desbassayns furent à la tête de l'industrie sucrière de la colonie. Les habitants les plus intelligents les imitèrent et s'en trouvèrent fort bien ; mais, depuis que ces deux initiateurs de l'industrie coloniale ont quitté ce monde de chimères, la maladie de la Canne est encore revenue une seconde fois plus terrible que la première et a ruiné leurs habitations, comme celles du plus grand nombre des habitants.

Un esprit de vertige passe et repasse de temps à autre sur ce pays et fait confondre les fous avec les sages et réciproquement ; c'est le génie, ange ou démon, qui s'empare des intelligences ; chaque individu a sa folie particulière qu'il n'aperçoit pas, ce qui ne l'empêche pas de voir très-juste sur certaines questions et de les résoudre d'une manière satisfaisante, tout en étant complétement dans l'erreur sur d'autres questions également importantes. En fin de compte, les fous, aussi bien que les sages, sont tombés ici dans le même aveuglement ; ils ont tous abandonné la culture alterne, sauf quelques rares exceptions, et la ruine du sol, telle que nous la voyons aujourd'hui, en a été la conséquence inévitable.

Nous avons publié dans le *Moniteur* de la colonie un tableau très-détaillé, présentant les rendements et les revenus des habitations de Bel-Air, de J. Desbassayns, pendant 27 années consécutives, de 1832 à 1859. Pendant cette période, il a été manipulé chaque année, en moyenne, 23,942 barriques ou 54,587 hectolitres de vesou, qui ont produit 1,549,767 livres ou 774,883 kilog. de sucre. La barrique de vesou a rendu 66.70 livres et la gaulette de terre de tous les âges de Cannes, aussi en moyenne, 25.90 livres de sucre, et par hectare, 10,904 livres ou 5,452 kilogrammes. Aucune habitation de Bourbon, à ce que nous sachions, n'a obtenu un si beau résultat dans cette période de temps : à quoi cela tient-il, si ce n'est au système de culture parfaitement combiné pour conserver la fertilité du sol et combattre les effets de la sécheresse naturelle du climat, comme nous le verrons, de plus en plus, dans la suite de cette étude?

Comme cette situation prospère a changé depuis 1860 ! A présent, en 1868, les habitations de Bel-Air vont être entièrement couvertes de Cannes ; on plante 40,000 gaulettes, ou 95 hectares par an, au lieu de 25,000, ou 59 hectares qu'on plantait autrefois. Cependant, le revenu en sucre n'est pas la moitié de ce qu'il était malgré cette énorme augmentation de plantation ; la maladie sévit fortement sur cette belle habitation comme sur toutes les autres, et particulièrement sur celles situées entre Saint-Denis et Saint-André, où la sécheresse persiste depuis plusieurs mois. Les revenus ne sont plus que du tiers de ce qu'ils étaient dans cette partie de l'île; les frais augmentent et les revenus diminuent, une telle situation ne peut durer plus longtemps sans ruiner entièrement les habitants des contrées les plus maltraitées. Il n'y a plus maintenant que les terres arrosées, comme celles de Savannah à Saint-Paul, appartenant à la famille Hoareau-la-Source, et celles du Gol à Saint-Louis, encore plus fertiles, appartenant à la famille Chabrier, qui fassent des bénéfices. Le plus grand nombre des habitations, excepté celles qui sont fumées, comme celles de M. Mottais et de quelques autres habitants de Saint-Pierre, sont en perte et leur dette augmente chaque année.

Le tableau de la production de Bel-Air, que nous avons publié, contient des renseignements très-importants et nous l'avons accompagné de quelques simples observations que nous croyons utile de reproduire.

L'étendue des habitations, qui n'en forment plus qu'une seule, est de 200,000 gaulettes (421 gaulettes à l'hectare) ou de 477 hectares cultivés en Cannes, dont la moitié était en repos et bien couverte de plantes améliorantes pendant quatre ans ; l'autre moitié était cultivée en Cannes de divers âges.

La plus mauvaise période des rendements de 1845 à 1850 inclus, ou de six ans, époque où la Canne fut aussi malade, n'a produit que 5,125,625 livres de sucre, dont la moyenne, par an, serait de 854,271 livres; la moyenne générale de 27 années étant de 1,549,767 livres, ce n'est qu'un peu plus de la moitié de la moyenne générale. Voilà le résultat de la maladie, et l'on n'a tenu aucun compte de ce premier avertissement, tant le commerce des espérances avait fasciné tous les yeux. Commence-t-on à voir clair maintenant ?

La plus belle période, de 1853 à 1858 inclus, pendant six ans, a produit en total 12,565,104 livres de sucre, c'est-à-dire 1/4 en sus de la moyenne générale, ou deux fois 1/4 en plus que le produit moyen de la mauvaise période.

En vingt-sept ans il n'y a eu que huit années *au-dessous* de la moyenne générale et dix-sept années *au-dessus.*

Ce beau résultat ne peut tenir qu'au système de culture employé, qui a toujours été régulièrement suivi, hors duquel il n'y a plus de salut pour la colonie ; et, si l'on continue de planter tout en Cannes, tout sera perdu dans un avenir assez prochain, à moins qu'on ne veuille supposer que le climat change en devenant plus humide. Les habitants essayent de se libérer de leurs dettes en faisant suer la terre; c'est un mauvais calcul : la terre rend comme on lui donne, elle ne donne rien pour rien, elle s'affame et ne produit plus que des parasites végétaux et animaux.

Il y aurait peut-être moyen de porter un remède efficace au mal qui menace notre chère colonie. C'est que la banque réforme ses statuts et puisse prêter aux habitants qui adopteront l'ancien assolement de Bel-Air au taux de 4 pour 100 l'an, soit sur récoltes, soit en première ligne d'hypothèque, tandis qu'elle ne prêterait qu'à un *taux double* à ceux qui persisteront à planter Cannes sur Cannes jusqu'à complet épuisement du sol. Ce moyen serait assurément décisif pour engager les habitants à rentrer dans la culture alterne; il rétablirait leur crédit, et ils pourraient entreprendre les améliorations agricoles devenues indispensables, car, il ne faut pas le dissimuler, le nerf de l'agriculture c'est la main-d'œuvre, c'est l'argent convenablement employé.

Nous pensons que la banque de la Réunion pourrait trouver son compte à cette réforme financière; il est probable qu'elle pourrait facilement emprunter 20 millions à 3 pour 100 à la banque de France, dont la réserve est si considérable. Ces 20 millions seraient déposés dans ses caisses et serviraient de garantie à l'émission de 40 millions de billets au porteur. La banque de la Réunion emprunterait à 3 pour 100 et prêterait ainsi à 8 pour 100. Il nous semble que la marge est assez large pour qu'elle n'ait à courir aucune chance de perte.

Entrons maintenant dans les principaux détails de la culture améliorante en suivant les préceptes de M. Joseph Desbassayns. Ces détails, quoiqu'un peu arides dans leur exposition, doivent cependant produire la fertilité. Nous engageons, en conséquence, les agriculteurs à y apporter toute leur attention.

Assolement. — L'étendue, en culture, doit être divisée en huit soles, dont quatre en repos, couvertes par des plantes améliorantes, dont nous parlerons plus loin, et quatre plantées en Cannes de divers âges, comme suit :

Première sole, en petites Cannes plantées dans l'année;

Deuxième sole, en grandes Cannes ou de première coupe, après dix-huit ou vingt-quatre mois de plantation;

Troisième sole, en Cannes de première recoupe d'un an;

Quatrième sole, en Cannes de seconde repousse, dites filées, de deux ans.

Plantations. — On plante, en juillet, dans les terres maigres ou légères, et l'on continue selon les circonstances, pour achever, en octobre, dans les meilleures terres, l'expérience ayant démontré que les Cannes plantées de bonne heure dans les terres fortes pourrissent quelquefois avant qu'on puisse les couper, ou ne donnent qu'un jus peu sucré.

Le sol de Bourbon ayant presque toujours de fortes pentes, et la terre étant généralement légère, elle coule naturellement de haut en bas. M. Joseph Desbassayns a dû obvier à ce grave inconvénient, et dès 1809 il a imaginé de planter sur des lignes courbes horizontales. Ces lignes ou rangs sont nécessairement tracés en travers de la plus forte pente, à 5 pieds ($1^{m},66$) de distance les uns des autres, à l'aide d'un cordeau et même d'un niveau-règle, jusqu'à ce que l'œil du conducteur de ce travail soit assez exercé à ce genre de tracé.

Les trous se font sur les rangs, à 4 pieds ($1^{m},33$) d'écartement. Ils doivent avoir 2 pieds de long (marqués sur le manche de la pioche), 3 pouces de large (mesure de l'instrument) et au moins 12 pouces ou 33 centimètres de profondeur (marqués aussi à l'extrémité du manche de la pioche); ces trous sont taillés dans le sol à peu près comme une mortaise dans le bois, et le fond, sur la terre dure, doit être de niveau et bien uni.

La terre qu'on retire des trous est rejetée et bien alignée

entre les rangs pour former un bourrelet ou sillon, qu'on exhausse encore avec les débris des sarclages du terrain. C'est sur ce sillon, dont la fonction est d'arrêter les eaux pluviales, que seront plantées les Cannes à la rotation suivante, c'est-à-dire huit ans après.

Les racines des Cannes, étant chevelues, ne pénètrent jamais au-dessous du trou ; elles végètent dans une épaisseur de terre de 12 pouces, et dans les terrains maigres la profondeur devrait être de 14 à 15 pouces ($0^m,41$). Nous ajouterons que, dans ce cas, on pourrait serrer les Cannes un peu plus et les plantes à 4 pieds sur 4 pieds par exemple, puisqu'elles puiseraient leur nourriture sur une plus grande profondeur du sol. En général, il faudrait planter plus serré sur les terres pauvres que sur les terres riches pour que la végétation couvrît mieux le sol, et sur les terres pauvres il est toujours profitable d'augmenter la profondeur des trous.

On comprend déjà que le système de culture de M. Joseph Desbassayns est on ne peut mieux approprié à la nature perméable du sol et à la sécheresse naturelle du climat. En effet, les rangs de Cannes et les sillons élevés entre les rangs empêchent la terre de couler en retenant les eaux pluviales, et la profondeur des trous maintient l'humidité, dont la Canne a absolument besoin, et fait résister la souche à la sécheresse, qui lui est si nuisible. Cette profondeur est encore nécessaire pour que la plante résiste aux coups de vent qui viennent parfois la coucher.

Voilà en quoi consiste, avec l'assolement et la couverture du sol, le système ingénieux imaginé par M. Joseph Desbassayns, et qui lui faisait dire : « Je ne crains ni sécheresse ni coups de vent avec mon système. » Mais il y avait un peu d'exagération dans cette affirmation à sa manière.

Détails de la culture.

Nous demandons pardon à nos bienveillants lecteurs de

les entretenir de minutieux détails sur la culture, mais il faut les écouter un moment, en considération de leur utilité, et nous nous adressons particulièrement aux habitants agriculteurs qui savent combien la réunion des petites choses a d'influence sur les grandes : *Maximæ mirandæ in minimis.*

Plantation. — Quoique la Canne à sucre soit une graminée, elle fleurit seulement et ne graine pas à l'île Bourbon; on ne peut donc la multiplier que par bouture. Le choix du plant et sa mise en terre est un détail auquel M. Joseph Desbassayns attachait beaucoup d'importance, et en cette matière nous ne pouvons que suivre les enseiguements de notre premier maître dans la culture coloniale.

Les meilleurs plants sont ceux qui ont le plus de germes bien conformés. Cette condition essentielle se trouve bien remplie en prenant le cœur ou tête de la tige et les ailerons qui poussent en abondance au pied des Cannes de seconde repousse, dites filées; ce sont les meilleurs plants, et ils réussissent toujours, en ayant le soin de ne pas enlever la paille qui recouvre les germes, ce qui pourrait les endommager et nuire à leur développement. Lorsqu'on manque de têtes ou d'ailerons, ce qui tient à l'imprévoyance du cultivateur, on peut prendre des tronçons de la Canne même, mais alors on choisit toujours celles qui n'ont pas fleuri : ces plants ne valent pas les têtes et les ailerons; ils réussissent cependant, si on a la précaution de les planter de suite, en temps humide, en évitant de les employer sur les terres trop fortes, qui retiennent l'eau, car beaucoup de plantes pourrissent sur cette nature de terre, d'ailleurs assez rare à Bourbon. Les plants doivent d'abord être enlevés des champs; après avoir été soigneusement choisis, on les met à l'abri du soleil et on les recouvre de paille; on se hâte de les planter deux ou trois jours après avoir été coupés. On nettoie bien le trou qui doit les recevoir, en retirant, avec la main, toute la terre qui y serait tombée, et l'on plante dans le fond du trou, sur la terre dure, deux plants placés horizontalement, côte à côte et en sens opposé. Ils doivent surtout bien porter sur le fond du trou, afin que les racines s'accrochent sur la terre dure, constamment fraîche. Si l'on ne prend pas cette précaution et que le plant repose sur de la terre meuble, trop de pluie fait pourrir les jeunes racines qui n'ont pas pénétré dans la terre dure, ou trop de sécheresse les fait également périr.

Un bon habitant doit s'assurer que la plantation a été bien faite avant de couvrir légèrement le trou, avec de la paille d'abord pour empêcher la terre d'y tomber, et ensuite pour que le soleil ne puisse y pénétrer. Il ne faut pas trop presser la paille, afin que l'air puisse facilement s'y introduire. Ces soins minutieux sont indispensables pour obtenir une sortie régulière, et pour éviter de nombreux remplacements, qui doivent se faire le plus tôt possible en prenant toutes les précautions que nous venons d'indiquer.

Destruction des mauvaises herbes. — Avec la nature du sol rocailleux de l'île Bourbon on ne peut pas sarcler profondément la terre comme en Europe, et, pour que la Canne soit toujours verte et en belle végétation, on se borne à gratter le sol avec un instrument acéré, léger et mince, de 8 pouces de large ; on ne bine même pas, on racle : c'est ce qu'on appelle la gratte. Il ne faut jamais laisser envahir la terre par les mauvaises herbes qui vivent aux dépens des bonnes, et surtout de la Canne à sucre. On doit se hâter de gratter, après une pluie, les jeunes Cannes et celles qui viennent d'être coupées, pour activer l'absorption de l'air humide de la nuit et empêcher les Cannes de jaunir. Toute raison que l'on donnerait pour ne l'avoir pas fait serait mauvaise, inadmissible ; il faut avoir les forces nécessaires pour bien exécuter ce que l'on entreprend, et l'homme doit être plus fort que sa terre. Il faut gratter, coûte que coûte, tous les quinze jours, assez légèrement pour ne pas diminuer la profondeur des trous, et continuer, sans interruption, tant qu'il est possible d'entrer dans la plantation, et l'on se trouvera toujours bien de suivre ce conseil. Un engagé bien dirigé gratte facilement, dans un champ bien entretenu, 100 gaulettes ou 25 à 30 ares dans la journée, et ce travail coûte assurément beaucoup moins qu'il ne produit; il ne s'agit que d'avoir les forces nécessaires pour le faire en temps opportun.

La gratte se fait, à Bourbon, avec ensemble et promptitude. C'est un ouvrage intéressant à voir; les noirs marchent en travaillant ; à chaque extrémité et au milieu de la bande, qui se développe sur une ligne plus ou moins courbe, on place un bon ouvrier dit chef de bordage, et, derrière, un ou deux commandeurs, pour donner la voix; aucun ne manque à cette prescription, et surtout peut surveiller la propreté du travail, qui se fait avec une gaieté et un entrain remarquables. Cela ne peut être comparé avec les sarclages tels qu'ils se font en Europe, où l'ouvrier dépense plus de force musculaire et va moins vite.

Immédiatement après la gratte, on fait suivre une bande de femmes et d'enfants joyeux pour nettoyer les trous des jeunes Cannes de l'année, en vidant, avec la main, la terre qui peut y être tombée. Les femmes et les enfants, ayant la main plus petite et s'accroupissant plus facilement que les hommes, doivent être préférés pour exécuter cet ouvrage d'une bien plus grande importance qu'on ne le croit, car, si les boutons se recouvrent de terre, ils ne repoussent plus, il s'en forme de nouveaux plus haut, et ainsi de suite, de manière que la végétation de la Canne peut être retardée, parfois, de trois à quatre mois : l'on perd toute la saison de la pousse, sans compter que les jets, au lieu de sortir du fond, sortent de la superficie et ne reçoivent plus l'humidité nécessaire pour résister à la sécheresse, et n'ont pas assez de force pour résister au vent. Rien n'est plus essentiel que de retirer la terre des trous, et il ne faut pas manquer de le faire chaque fois qu'il en tombe plus d'un demi-pouce ou 13 millimètres d'épaisseur.

Coupe des Cannes. — Cette opération exige beaucoup d'étude et de réflexion d'un bon habitant pour qu'il coupe ses Cannes aux époques les plus convenables, selon leur âge et leur maturité, afin d'obtenir le maximum de rendement, et les différences de rendement sont quelquefois considérables d'un mois à l'autre. On ne saurait assez bien observer les faits de chaque jour pour tâcher d'en prévoir d'avance les conséquences; c'est ce qui rend l'art agricole si difficile. Il faut une longue pratique pour savoir tourner les difficultés et sortir d'embarras par d'heureux expédients; c'est une lutte continue entre le temps, les hommes et les choses qui vous entourent et que vous ne pouvez maîtriser.

M. Joseph Desbassayns a établi des règles précises que nous allons rappeler; ceux qui auront l'intelligence de les suivre y trouveront leur profit, et même le plaisir de voir tout marcher avec ordre et régularité sur leur habitation, et c'est, assurément, la plus grande satisfaction que puisse éprouver un agriculteur.

La coupe, sur une habitation bien dirigée, doit commencer le 1er juillet et se terminer, au plus tard, à la fin de décembre; tout doit marcher avec ensemble pour qu'aucune partie de la culture ne soit négligée, puisque c'est de la bonne culture que vient le grand produit. Les Cannes doivent donc être coupées dans les mois les plus favorables à leur rendement en sucre. On commence d'abord par la quatrième sole, qui doit être dessouchée, et le terrain de suite disposé pour recevoir la semence des Pois qui doivent couvrir le sol et dont nous parlerons bientôt en détail.

On commence donc la coupe, le 1er juillet, par les recoupes, et l'on entreprend ensuite les Cannes de première coupe dans la seconde quinzaine de septembre, jusqu'à la fin de décembre. Si l'on commençait la coupe par les grandes Cannes, on éprouverait une perte énorme; c'est là un fait certain, constaté par plusieurs expériences faites à Bel-Air; il ne faut donc brasser les grandes Cannes que le plus tard possible.

On doit toujours avoir une demi-sole de Cannes de recoupes de deux ans, dites filées; ces Cannes donnent de beaux résultats dans les premiers mois de la coupe et ont, de plus, le grand avantage de fournir des plants excellents pour les plantations de cette époque. Si toutes les terres étaient de première qualité, on ne devrait faire que des recoupes de deux ans, mais, dans les terres médiocres, qui sont de beaucoup les plus nombreuses, les Cannes de première année fleurissent presque toujours, et l'on se trouve dans la nécessité de les couper à cause de l'altération de la séve, qui en résulterait si on ne les coupait pas.

Comme, dans l'industrie européenne, la main-d'œuvre de la coupe des Cannes doit être divisée en plusieurs parties distinctes, pour que le travail marche plus régulièrement et plus vite tout en rendant la surveillance plus facile,

1° Les coupeurs, armés de la hachette, tranchent les Cannes le plus profondément possible, au-dessous de la surface du sol;

2° Les éplucheurs prennent la Canne par la tête et en détachent la paille;

3° Quelques hommes seulement enlèvent, à l'aide d'un sabre, les gros boutons ou germes placés à chaque nœud et qui nuisent à la pureté du vesou;

4° Les hommes de cette division détachent la tête de la Canne à la longueur convenable pour servir de plant, qu'ils jettent de côté, et ils coupent les Cannes par tronçons de 1 mètre à $1^{m},50$ de longueur;

5° Cette division enlève les Cannes du champ pour les déposer, en tas, sur les bords du chemin, où les charrettes viennent les prendre.

Les Cannes sont placées debout sur les charrettes, qui arrivent et qui partent ensemble, sous la conduite d'un bon commandeur; on choisit celui qui aime et soigne le mieux les animaux, si l'on en trouve un sur l'habitation.

Les Cannes arrivées à la sucrerie, on les décharge en les entassant le plus près possible du moulin. Le commandeur chargé de ce service examine si elles n'ont pas été coupées trop près de la tête et si les germes ont été bien enlevés. Si ce travail a été mal fait, on renvoie les Cannes défectueuses au commandeur de la coupe, pour qu'il y porte plus d'attention. Le commandeur du moulin ne manque pas de remplir ce devoir, tant les hommes de couleur aiment à trouver leurs pareils en faute.

Par ce peu de mots on voit que le travail de la culture coloniale a été bien organisé, dès le principe, par les habitants. Sous ce rapport, la culture ne fait plus aucun progrès; les industriels ont remplacé les agriculteurs.

Couvertures et engrais végétaux. — M. Joseph Desbassayns considérait la couverture des terres pendant quatre années consécutives, qu'il a mise en pratique pendant quarante ans, comme l'équivalent d'un engrais; il était convaincu, en employant son système, non-seulement que les terres ne s'épuisent pas, mais qu'elles s'améliorent graduellement à chaque rotation. Cela lui parut démontré par plusieurs expériences décisives qu'il a faites sur de mauvaises terres qui ont été améliorées après avoir été soumises à cette même rotation.

Si M. Desbassayns avait eu l'idée d'enfouir en vert ces plantes améliorantes au moment de leur floraison, soit en les retournant à la pioche, ou mieux avec la charrue, lorsque la pente et la nature rocheuse du terrain pouvaient le permettre, il est certain que l'amélioration du sol eût été bien plus grande. Mais ce mode d'enfouissement ne serait pas sans danger sur de fortes pentes, d'où la terre pourrait être entraînée par les grandes pluies, assez ordinaires dans ce climat. On ne peut donc se risquer de mettre en pratique un moyen aussi fertilisant que sur de faibles pentes, et encore faudrait-il multiplier les raies d'écoulement et les tracer, comme on le fait pour les Cannes, en courbes horizontales, les approfondir davantage et rejeter toutes les pierres de la surface du champ sur la partie basse de la raie, pour y former, à la longue, un bourrelet assez élevé pour laisser écouler lentement les eaux pluviales, ou plutôt les faire absorber par le sol. Ce serait assurément une grande amélioration foncière, mais ce n'est pas dans le moment de gêne où se trouve la colonie qu'on peut raisonnablement la lui conseiller; cependant ceux qui comprennent la haute utilité de la retenue des eaux pourraient se borner au simple tracé de ces raies d'écoulement ou d'absorption en y plaçant peu à peu les pierres qui gênent la culture, et, par la suite des temps, elles se trouveraient naturellement faites avec d'autant moins de dépense appréciable qu'elle serait répartie sur un plus grand nombre d'années. (Voyez, à ce sujet, un précédent article que nous avons inséré dans le *Moniteur de la colonie,* appendice 6.)

On pourrait aussi rétablir les terres appauvries par une trop longue culture épuisante par un défoncement à la pioche, et les couvrir immédiatement par des plantes pour être enfouies en vert l'année suivante, ou plus tard si elles étaient vivaces. Mais nous n'avons plus M. Joseph Desbassayns pour entreprendre des améliorations aussi considérables, qui sont impossibles à faire dans le moment de crise que traverse si péniblement le pays. Nous faisons donc un vœu, si l'on veut, une bucolique scientifique, nous cherchons le mieux pour arriver au bien ; c'est un simple avertissement pour l'avenir que nous consignons ici uniquement pour mémoire.

Revenons au système de simple couverture du sol imaginé par M. Joseph Desbassayns.

Aussitôt que les Cannes de la quatrième sole sont coupées, on dessouche immédiatement, et l'on sème, en août, une ligne de Pois noirs et alternativement une ligne de Pois amers, à 2 pieds ou $0^{m},66$ les uns des autres. Ce mélange des deux espèces de Pois a l'avantage de tenir le sol constamment couvert et propre, si on a le soin de gratter les herbes dans les commencements de la plantation; les Pois mûrissent et meurent en juillet, les Pois amers viennent alors recouvrir les vides du terrain, que les mauvaises herbes ne peuvent plus envahir. Les Pois amers de Hollande doivent toujours être plantés avant la fin de décembre.

On entremêle quelques plants d'Ambrevades pour servir

de tuteurs aux Pois; mais l'Ambrevade, étant un arbuste qui s'élève promptement, nuirait à leur développement si l'on n'avait pas la précaution de l'abaisser à mesure qu'il pousse. L'Ambrevade seul est une mauvaise couverture; les Pois seuls, comme nous venons de le dire, améliorent le sol, et mieux vaudrait supprimer l'Ambrevade. C'est ce que M. Joseph Desbassayns a fini par faire. Il estimait que deux années de couverture en Pois amers de Hollande valent mieux que quatre années en Pois noirs, et qu'une année en Pois noirs vaut mieux que quatre années en Ambrevades. Voilà une appréciation claire, nette et précise, justifiée par une longue expérience de son auteur.

Dans les terres hautes les Pois ne viennent pas bien, et on les remplace par une plante assez touffue, appelée *Crotalère*. Celle-ci pousse spontanément avec de l'Indigo marron et quelques autres arbustes; mais il est bien préférable d'ensemencer la Crotalère aussitôt après que les Cannes viennent d'être dessouchées.

La plante qui couvre le mieux le sol et qui laisse le plus de détritus par ses feuilles et ses racines est incontestablement la meilleure; il serait peut-être utile d'en rechercher de nouvelles espèces vivaces remplissant parfaitement ces conditions. Il en existe quelques-unes à Bourbon, qu'on trouve ordinairement éparses sur les pentes des ravins qu'on devrait essayer de cultiver, sans préjudice d'autres espèces qu'on devrait tenter d'acclimater, comme nous l'expliquerons à l'article suivant.

Une habitation a besoin de Maïs, de Manioc et de Patates pour la nourriture des travailleurs et des animaux; ces cultures n'améliorent certes pas la terre, et il faut ici choisir entre elles et la Canne. Dans la situation actuelle du pays, nous ne pouvons conseiller de donner la préférence à la Canne, car il faut vivre d'abord, soi et les siens; nous pensons qu'il faut profiter du moment pénible que nous traversons pour assoler définitivement la terre en huit soles égales, et, tant que la Canne sera malade, on devrait restreindre sa culture à trois soles, et peut-être mieux à deux soles, ou au quart de l'étendue en culture. Le reste serait bien couvert et se reposerait en réservant au moins deux soles ou le quart de l'habitation pour être cultivé en vivres. Quand on fait si peu de revenus en sucre, on devrait essayer d'autres cultures, et c'est malheureusement et fatalement le contraire que l'on fait en plantant partout des Cannes sur des Cannes. Il n'y a pas à attendre le résultat de cette mauvaise culture, il est déjà arrivé et la colonie est ruinée.

Il est devenu indispensable de changer de route, nous ne pouvons plus lutter contre le vent debout, sous peine de sombrer; nous l'avons dit sur tous les tons dans ce Mémoire, puissions-nous avoir été entendu de tous les amis dévoués comme nous à cette colonie.

Nous avons abrégé, autant que nous l'avons pu, les minutieux détails de la culture de la Canne, en les encadrant dans quelques pages, et nous ne croyons pas en avoir oublié aucun d'essentiel. Si l'on désire de plus amples explications, on peut consulter la *Culture de la Canne à sucre*, brochure in-8°, de 56 pages, rédigée d'après les instructions de M. le baron Joseph Desbassayns et offerte, par sa fille, à la colonie.

VI. — Introduction et acclimatation des plantes les plus utiles.

Avant de traiter la haute question des fumiers et des engrais, il est rationnel de traiter la question des fourrages, l'une étant la conséquence de l'autre.

Cette colonie n'entretient que peu de chevaux de selle et de voitures de luxe, elle n'a que tout juste le nombre de mules et de bœufs qui lui sont indispensables pour les transports des Cannes au moulin et des sucres au dépôt (1), et

(1) Nous trouvons, dans les notes publiées par Maillard, notre élève et le coopérateur de nos travaux en 1839, des renseignements très-utiles

encore ces animaux ne sont-ils pas toujours convenablement nourris. Pendant la coupe, les têtes et les feuilles vertes des Cannes suffisent à peu près. Ce fourrage est bon, quoiqu'un peu dur; mais il serait bien meilleur s'il était haché à l'aide d'une machine mise en mouvement par une manivelle, et bien mieux encore par une courroie passée dans la poulie d'un arbre de couche mû par le moteur de la sucrerie. Ce serait une amélioration bien plus utile qu'on ne le croit; toutes les fermes un peu importantes, en France, possèdent, depuis longtemps déjà, cet instrument, qui leur rend de grands services. Tous les fourrages sont hachés et mélangés; il en résulte qu'ils sont mieux assimilés par les

---

pour faire des recherches dans le temps passé et pour les vérifier; il dit qu'il y avait dans la colonie, savoir :

En 1833......	4,000 chevaux	3,210 ânes	4,000 bœufs.
En 1860......	3,600 —	8,280 —	5,600 —

Les chevaux ont un peu diminué, tandis que le nombre des mules a beaucoup augmenté. Les petits animaux, moutons, cabris et cochons existants :

En 1833....	3,620 moutons,	6,550 cabris et	40,000 cochons.
En 1860....	4,610 —	10,700 —	60,570 —

Ces animaux de boucherie ont dû augmenter avec la population, et l'on se demande comment la colonie peut les nourrir sur ses maigres et sèches pâtures; il leur faut nécessairement un peu de grain qui coûte fort cher, et voilà l'exploitation de surenchérissement de la viande. Dans les temps anciens, en 1767 et 1787, il n'y avait ni chemins ni bêtes de somme; tous les transports se faisaient, comme ils se font encore à Madagascar, à tête de noir. M. du Peyrat a été l'un des premiers, en 1827, à supprimer ce mode de transport tout à la fois pénible et très-coûteux, qu'il remplaça d'abord par la brouette et ensuite par la charrette. Dans la seconde moitié du siècle précédent, et pour une population six fois moindre que celle actuelle, il y avait, dans la colonie, de 11,000 à 14,000 bœufs, 5,000 moutons, 14,000 cabris et seulement 21,000 cochons. Les défrichements étaient encore peu étendus, les pâturages bien plus abondants et plus frais, et l'on récoltait beaucoup de Maïs et de racines; la viande et tous les produits du sol étaient à bon marché et l'on vivait amplement de la vie patriarcale. Comme les temps sont changés, en bien comme en mal, même depuis 1827!... Chère grand'mère, que dites-vous, de là-haut, de ce qui se passe ici-bas? Je vous entends à présent comme autrefois.

animaux, et une grande économie dans les fourrages, dont il ne se perd pas un seul brin.

Pendant les six mois où l'on ne coupe pas les Cannes, la nourriture des bestiaux est mauvaise et difficile à se procurer, les pâturages étant à peu près nuls. Rien ne serait plus utile que d'introduire dans la colonie la culture du fourrage, qui est tout à fait inconnue. Le climat ne permet pas l'établissement de prairies naturelles, qui ne produiraient, d'ailleurs, que du Chiendent ; mais les prairies artificielles bien cultivées auraient quelques chances de résister à la sécheresse en les plaçant à 5 ou 600 mètres d'altitude, et l'on pourrait même créer d'assez bons pâturages au-dessus de cette hauteur, où le climat est analogue à celui de France.

Les animaux de roulage qu'on emploie à Bourbon sont les mules du Poitou, plus rarement celles de Buénos-Ayres, et les bœufs de Madagascar. On ne donne du grain qu'aux mules, parce qu'elles en ont absolument besoin, et l'on réduit la ration au minimum, parce que le grain est très-cher ; l'on donne seulement quelques racines aux bœufs, et, en général, ces pauvres bêtes sont fort mal nourries hors le temps de la coupe.

Les moutons sont très-rares, parce que les pâturages sont insuffisants et qu'il est coûteux de les nourrir au parc ; il en est de même des cabris, ces charmantes petites chèvres, qu'il faut absolument parquer parce qu'elles détruisent tous les arbustes qui se trouvent à la portée de leurs dents meurtrières. Elles ont un instinct singulier pour atteindre le sommet des arbustes, la partie la plus tendre ; elles se mettent deux pour satisfaire leur convoitise, et chacune à son tour aide l'autre. Partout où l'on cultive les bois il faut tuer toutes les chèvres sans pitié, ou renoncer aux bois. Ce petit bétail, moutons et cabris, étant convenablement nourri, donnerait une bonne viande de boucherie, bien préférable à celle du porc ; mais tous pâtissent plus ou moins, et souvent leur chair est dure, coriace, détestable, et cela tient uniquement au manque de fourrages verts. Avec d'abondants fourrages on a de tout, et sans fourrages on n'a rien. Il est donc fort important de tâcher d'en introduire la culture, malgré les difficultés inhérentes à la nature du sol et du climat. On peut espérer qu'à force de persévérants efforts, on parviendra à acclimater de meilleurs fourrages que ceux qui existent dans le pays, où ils viennent spontanément ; d'eux-mêmes, sans aucune culture, ce qui les rend naturellement durs et coriaces.

Commençons par décrire la culture du meilleur de tous les fourrages du Midi.

La Luzerne (*Medicago sativa*). Il est probable que cette admirable plante méridionale, venue originairement de la Perse et cultivée en grand par les Grecs et les Romains, pourrait réussir dans la colonie, soit dans la région moyenne, soit dans les hauts ; mais il faudrait bien soigner sa culture, qui coûte assez cher dans tous les pays, quoiqu'elle paye largement les frais par la qualité et la quantité de fourrage qu'elle produit. Elle pourrait être fauchée huit fois par an dans ce climat et ne pourrait l'être qu'à la faucille ou au couteau courbe. En France, on la coupe à la grande faux et même à la machine de Wood, et pendant l'été on fait une coupe tous les quarante jours environ.

La grande Luzerne, à fleur violette, qu'il ne faut pas confondre avec le Sainfoin à fleur rose, qui ne vient que dans les sols très-calcaires, exige un terrain profond et riche; ses racines pénètrent à une grande profondeur à travers les fissures des roches les plus dures, et c'est au moins un essai à faire pour voir si le sous-sol de Bourbon lui convient. Si elle réussit, on aura introduit le meilleur et le plus abondant de tous les fourrages connus dans les pays chauds.

Cette belle légumineuse, qu'Olivier de Serres, le père de l'agriculture française, appelait la meilleure plante du *Ménage des champs*, exige beaucoup de soins et de dépenses; mais elle dure plusieurs années et finit par être détruite par le petit Chiendent (Agrostis traçante), et c'est ce qui pourrait arriver assez vite ici ; une autre crainte serait que les nombreux insectes qui se sont jetés sur notre malheureux pays pour le dévorer ne s'abattissent sur la Luzerne et ne la détruisissent, non pas le borer qui ne pourrait s'y loger, mais une infinité de poux de diverses variétés qui cribleraient son feuillage tendre. En France, elle n'a que deux ennemis redoutables, un parasite végétal, la *Cuscute*, et un insecte, le *négril ;* on détruit la Cuscute en rasant avec soin toute la partie envahie par le parasite, on en fait un petit tas au milieu du cercle, on le recouvre de paille et l'on brûle le tout ; mais il faut faire cette opération aussitôt qu'on s'aperçoit de l'envahissement, plus tard il serait trop tard, et la pièce de Luzerne serait compromise si elle n'était pas perdue. Pour se débarrasser du négril, il faut faucher toute la pièce, quelle que soit la hauteur de la plante au moment où ce maudit petit insecte noir, très-visible et très-vif, commence à se montrer, et alors il meurt de faim avant la pousse de la coupe suivante. Toutes les plantes riches sont exigeantes sur la qualité du terrain et sur les soins à donner à leur culture; elles sont toujours attaquées par plusieurs ennemis, précisément parce qu'elles sont bonnes. C'est ce qui arrive pour la Canne et pour le Café, qui ont tour à tour fait la richesse de la colonie.

Pour cultiver convenablement la Luzerne à Bourbon, il faut d'abord choisir un terrain dont le sous-sol, à 35 centimètres de profondeur, soit assez frais sans être humide, et cette condition se rencontre assez souvent; il faut à cette belle légumineuse le feu à la tête et la fraîcheur au pied ; il est donc possible qu'elle puisse trouver le sous-sol qui lui convient ; mais cela ne suffit pas, il faut, de plus, très-bien préparer sa surface. On commence par défoncer le terrain à la pioche le plus profondément possible, puis on fume copieusement, on enfouit le fumier, on chaule par-dessus avec de la chaux de corail en poudre ; puis on sème aux premières pluies d'octobre ou de novembre, ou peut-être mieux en mars, soit à la volée, soit en poquets équidistants, espacés de 50 centimètres les uns des autres, si on a l'intention de gratter sa plantation, ce qui est de beaucoup préférable que de semer à la volée; enfin on passe un léger coup de râteau de bois immédiatement pour égaliser le sol, en ayant le soin d'enterrer le moins la semence (1). Toutes ces façons ne peuvent être faites ici qu'à la main, à cause des roches et des cailloux dont le sol est parsemé presque partout.

On n'aurait pas à regretter la dépense de cette main-d'œuvre, si cette reine des fourrages réussissait; elle serait une ressource immense qui permettrait de mieux nourrir et d'augmenter considérablement le nombre des bestiaux producteurs de fumier, et peut-être même la meilleure préparation pour la Canne à sucre, si elle venait assez bien pour servir de couverture. Dans cette supposition, on la défricherait tous les quatre ans, juste au moment de la plantation des Cannes et en enfouissant dans le sol cette dernière coupe.

Nous engageons quelques habitants à tenter cet essai sur quelques gaulettes seulement de superficie, et le temps, notre maître à tous, nous instruira s'il convient d'étendre sa culture comme fourrage et comme couverture, ce qui serait un double avantage pour rétablir la fertilité de notre sol.

Nous cultivons depuis vingt-cinq ans la Luzerne avec succès, et nous nous mettons à la disposition des personnes qui désireraient de plus amples détails pour tenter un essai qui pourrait avoir de si grands avantages.

---

(1) Par gaulette de superficie (25 mètres carrés), il faut $0^{k}.06$ ou 2 onces de semence bien propre et luisante, pour semer à la volée, et beaucoup moins pour semer en poquets, 250 litres ou une barrique de bon fumier et demi-barrique de chaux de corail en poudre; ce qui équivaut, par hectare, à 25 kilog. de semence, 100 mètres cubes de fumier et 50 mètres cubes de chaux.

Nous pourrions indiquer plusieurs autres fourrages, tels que divers Trèfles : le rouge de Hollande, le Trèfle blanc, excellent pour les pâturages, et le Trèfle jaune ou Lupuline, qu'on n'ensemence que sur les mauvaises terres. Un bon fourrage est encore la Vesce noire, qui serait une aussi bonne couverture que les Pois amers de Hollande, et qui aurait sur eux l'avantage de n'être pas un poison ; la graine de Vesce est, au contraire, une bonne nourriture pour les animaux, mais il convient de ne la laisser grener que juste pour les besoins de l'exploitation et pour avoir la semence qui coûte aussi cher que le Froment, et il en faut 3 hectolitres par hectare. La granulation des plantes épuise toujours le sol, la plante fait dans ce moment un grand effort pour s'assimiler les principes nutritifs qu'il renferme et qu'on retrouve plus abondamment dans la graine que dans les tiges et les feuilles ; autant que possible, il est préférable de faucher les légumineuses au moment de leur floraison, le fourrage en est bien meilleur. En définitive, rien ne saurait être comparé à la grande Luzerne, si l'on parvient, nous ne disons pas à l'acclimater, mais à la faire réussir dans la colonie.

La Carotte blanche à collet vert. — Sa culture et surtout sa levée sont difficiles; on la sème fort dru, en lignes équidistantes, espacées entre elles de 67 centimètres; on éclaircit à la main et l'on sarcle pour tenir le sol constamment propre. Cette espèce de Carotte est une excellente nourriture pour les chevaux et supplée jusqu'à un certain point l'Avoine; car, lorsqu'on donne des Carottes, la ration de grains est diminuée des trois quarts. On devrait essayer sa culture sur une petite échelle, dans les meilleurs terrains, en les amendant exactement, comme nous l'avons prescrit pour la Luzerne.

Racines diverses. — Indépendamment des deux excellentes racines du pays, le Manioc et la Patate, on pourrait en introduire plusieurs autres espèces, et il en existe un grand nombre de variétés. M. de Châteauvieux est en relation avec un savant botaniste de Batavia qui lui a envoyé 35 espèces ou variétés de Tubercules comestibles qui ont parfaitement bien poussé à Saint-Leu sur les terres de ce bon habitant, situées à 500 mètres au-dessus de la mer. On peut compter sur le dévouement et sur les soins intelligents de M. de Châteauvieux pour faire réussir un grand nombre de plantes de Java, de l'Australie et de la Nouvelle-Calédonie. Chez lui, le présent assure l'avenir; et, s'il n'était pas notre parent et notre vieil ami, nous aurions bien d'autres choses à dire sur ses éminentes qualités.

Sorgho sucré de la Chine. — Nous cultivons depuis douze ans cette belle plante en France comme fourrage, et, pour qu'elle arrive à sa complète maturité, il lui faut 20 *degrés moyens* de chaleur par jour, pendant 160 jours, soit 3,200 degrés et mieux 3,500 degrés en total, depuis sa sortie de terre en juin jusqu'à sa coupe vers la fin d'octobre. Dans cette période de végétation, nous n'avons guère que 3,000 degrés au plus, et la plante n'atteint pas, tous les ans, sa complète maturité, qui est indiquée par la graine de la panicule, qui doit être très-noire et brillante; mais ce manque de maturité n'empêche pas le Sorgho sucré de la Chine d'être un de nos meilleurs fourrages.

On le coupe avant l'arrivée de la première gelée, on le met en magasin en le couvrant et on le hache chaque jour, à la machine, en rondelles d'un centimètre d'épaisseur; tous les animaux et surtout les bœufs sont très-friands de ce fourrage qui leur fait le plus grand bien; nous entendons la Canne à peu près mûre et non la feuille, qui est très-peu nutritive. Quelques cultivateurs ont annoncé pourtant dans les journaux que le Sorgho sucré était un poison pour les bêtes à cornes; mais ces cultivateurs, ne connaissant pas cette plante, la coupaient plusieurs fois dans le cours de l'été et la faisaient consommer en herbe, qui, sans être un poison, n'est pas une nourriture saine, tandis qu'il ne faut faire qu'une seule coupe. La ferme-école des Landes, que nous dirigeons depuis sa création en 1849, cultive le Sorgho sucré depuis 1855, et pendant deux ou trois mois, d'octobre à décembre, où les bœufs le consomment exclusivement, ils sont en parfait état, l'œil vif, le museau humide et le poil luisant; évidemment, ces animaux jouissent d'une très-bonne santé dans cette saison où il n'y a plus de fourrage vert.

L'introduction du Sorgho sucré serait utile dans cette colonie, ne serait-ce que pour fourrage, hors le temps de la coupe des Cannes; mais il pourrait être employé à plusieurs autres usages, et particulièrement à la composition de puissants engrais végétaux mêlés de chaux, les engrais végétaux étant, d'après nous, le salut des colonies intertropicales.

Nous avons essayé, sur notre ferme de Beyrie, de faire du sucre de Sorgho, mais nous n'avons pu parvenir à faire cristalliser le sirop; le sirop est, d'ailleurs, d'un goût excellent, et il a la propriété de ne pas fermenter pendant quelques années. Pour le distiller, il faut nécessairement employer un ferment énergique, tel que de la levûre de bière, ou des écumes de sucrerie; la fermentation s'opère alors dans des conditions favorables à la distillation, et nous avons obtenu, à Beyrie, du rhum de très-bon goût, plus délicat et plus fin que celui qu'on fabrique à Bourbon. Nous croyons que l'on peut faire, avec le Sorgho très-mûr, de très-bon rhum pour l'exportation. C'est au moins à essayer.

Société d'acclimatation. — Une Société a été instituée à l'île de la Réunion depuis quelques années, elle a déjà rendu de grands services, et, avec l'aide du temps et le dévouement de ses membres, elle en rendra de plus grands encore dans l'avenir. La Société a publié plusieurs savants mémoires, et l'un des derniers par M. Berg, dont nous n'avons eu connaissance que tout récemment, décrit parfaitement les insectes parasites de la Canne et la maladie dont cette précieuse plante est atteinte. Il l'attribue, comme nous, à l'appauvrissement du sol, et il affirme que le borer n'est pas la cause, mais l'effet de cette maladie; nous sommes heureux d'être d'accord avec lui sur un point si important; notre conclusion est la même : nous sommes d'accord sur le fond, la forme seule est différente ; M. Berg a traité la question au point de vue d'un médecin naturaliste, et nous ne l'avons traitée qu'au point de vue d'un agriculteur praticien.

La Société d'acclimatation de la Réunion devrait surtout s'occuper d'introduire les plantes les plus utiles à cette colonie en les faisant cultiver, sur petite échelle, dans son jardin ; elle rendrait ainsi de plus grands services qu'en entretenant des animaux inutiles ou nuisibles; il nous semble qu'elle devrait céder leur place aux *lamas* qu'elle pourrait faire venir de l'Amérique centrale, et à divers oiseaux insectivores de divers pays, sans préjudice de quelques oiseaux de basse-cour pour orner et augmenter les ressources de nos tables. Les dames créoles, qui savent si gracieusement en faire les honneurs, seraient reconnaissantes de cette introduction nouvelle, nous y trouverions tous un stimulant pour notre goût et l'augmentation de nos plaisirs dans des réunions toujours agréables.

Que la savante Société renonce donc à élever des singes dont les règlements coloniaux défendent, d'ailleurs, l'introduction avec juste raison. Ces animaux, destructeurs et malfaisants, n'ont rien de l'homme qu'une fausse apparence, et, si quelques philosophes désirent étudier leur organisation et leurs mœurs pour essayer d'en faire des hommes, ils s'aperçoivent bientôt, — si toutefois ils abandonnent leurs idées préconçues pour n'observer que les faits, — qu'ils y perdront leur temps et leur peine. Depuis que Gratiolet, mort si jeune, sans avoir reçu la récompense due à ses travaux, a démontré la différence de l'organisation du singe avec celle de l'homme, il n'est plus scientifiquement possible de croire que l'homme primitif n'était qu'un singe ; c'est une idée fausse, uniquement suggérée par l'imagination, car il est impossible d'en donner une démonstration fondée sur des faits bien observés. Où veut-on arriver avec de semblables idées, sinon au triomphe de la matière sur l'esprit et à faire de l'homme raisonnable un singe intelligent ?

En étudiant profondément cette question philosophique, en examinant seulement l'organisation de la main du singe, on voit qu'il ne peut s'en servir pour exécuter le moindre travail, pas même pour se construire un abri, et, malgré sa malice et sa ruse, son intelligence ne s'élève pas jusqu'à produire le feu pour cuire ses aliments, ou pour se réchauffer lorsqu'il a froid ; et pourtant, il est frileux, paresseux et gourmand, il aime en tout ses aises. C'est peut-être là sa plus grande ressemblance avec l'homme, mais que beaucoup d'autres animaux ont comme lui; ce que le singe n'aura jamais, c'est l'esprit, la physionomie de la face, l'intelligence que l'homme communique par son langage, avec lequel il exprime les idées qu'il a sur l'univers visible et invisible. Le singe criera toujours avec sa voix glapissante et ne parlera jamais, pas plus que les autres animaux, la langue de l'homme. Essayez de faire son éducation, et vous serez convaincu qu'il n'y a rien à faire avec cette brute.

Comment peut-on sérieusement croire que les singes, en se perfectionnant graduellement, soient devenus, à la longue, des hommes, et que tous ne le soient pas devenus également par les croisements, puisque ces vilains et sales animaux existent encore de nos jours sans changement depuis plus de cent siècles? Pourquoi les uns se seraient-ils perfectionnés et pas les autres ? En vérité, cette discussion n'a pas le sens commun et tombe dans l'absurde lorsqu'on la pousse trop loin.

La morale de ce petit hors-d'œuvre, que nous prions de nous pardonner, c'est qu'il faut chasser impitoyablement les singes de la colonie où ils ne peuvent faire que du mal, et les remplacer par des animaux plus utiles et de meilleur goût.

VII. — Du fumier et des engrais.

Nous avons depuis longtemps traité la question des fumiers, et notre dernier article, comme les précédents, a été inséré dans le *Journal de l'Agriculture* de Paris, du 20 octobre 1867. Nous allons en reproduire ici quelques fragments qui peuvent être applicables à cette colonie.

« Les échos de tous les pays bien cultivés ne cessent de répéter : Sans engrais, il n'est pas de bonne agriculture possible; mais la grande difficulté à vaincre, celle qui doit sans cesse préoccuper le cultivateur, parce qu'elle est, en réalité, la plus grande de toutes, consiste à les produire au dedans ou à se les procurer au dehors à bon marché, et par bon marché on doit entendre que l'augmentation de récolte paye largement la valeur du surplus de l'engrais qui a produit cette augmentation. La production des engrais à bon marché est un grand problème d'économie publique qui n'est pas encore résolu; mais on est dans la bonne voie : sachons attendre et la solution arrivera.

« Le fumier normal d'étable contient beaucoup de carbone et relativement peu d'azote (400 grammes à l'état humide pour 100 kilog.); il contient, en outre, divers sels très-fertilisants. Il faut d'abord faire remarquer que les éléments qui ont produit le fumier, c'est-à-dire les fourrages secs, renferment, en moyenne, plus de 1 pour 100 de leur poids d'azote, la Luzerne du Midi en contient même jusqu'à 2 pour 100 ; ainsi on voit que les fourrages, employés directement sur le sol, seraient plus riches en azote que les fumiers. Et l'on a cru devoir prendre l'azote pour unité de mesure de l'effet fertilisant des engrais, parce que ce corps agit avec la plus grande énergie sur le développement de la végétation.

« Les cultivateurs uniquement praticiens ne paraissent pas avoir assez remarqué que l'azote des fumiers ne peut provenir et ne provient, en effet, que des matières premières qui ont servi d'aliment aux animaux. Le fumier normal d'étable, n'étant composé que du mélange des litières et des déjections, ne provient évidemment que des végétaux consommés, dont une partie est assimilée par les animaux pour le développement de leurs organes, et, par conséquent, se transforme en os, en nerfs, en chair, en graisse ou en lait, en cornes, en poils ou en laine. Ainsi une partie de l'azote de la nourriture est absorbée par la nutrition de l'animal, une autre partie est évaporée, en pure perte, dans l'air par la transpiration, et le reste est rejeté par les déjections. Donc les fourrages consommés par les animaux contiennent une plus grande quantité d'azote que leurs déjections.

« L'azote est le grand ressort de la végétation ; en se combinant avec les tissus des plantes, il leur donne la force de s'assimiler les éléments minéraux contenus dans le sol et de résister aux intempéries et aux accidents de toutes sortes auxquels elles sont exposées ; cette force est un contraste frappant avec leur faiblesse apparente et la délicatesse de leurs organes ; tiges élégantes et flexibles qui plient sans se rompre et se relèvent gracieusement en se balançant. L'azote, par sa division à l'infini, pénètre dans les tissus si déliés des plantes qui fournissent la nourriture la plus abondante aux animaux ; d'un autre côté, les plantes, par leur décomposition dans le sol, se nourrissent elles-mêmes de leur propre substance, et c'est ainsi que dans les deux règnes l'azote est toujours l'aliment le plus essentiel de la force et de la vie.

« Admirable transformation qui fait sortir du fumier infect le parfum des fleurs éclatantes et des fruits savoureux ; transformation mystérieuse et sublime qui entretient la vie par la mort, et qui conserve et perpétue tous les êtres créés pour le maintien de l'équilibre universel selon les lois éternelles de Dieu !

« L'azote et l'oxygène combinés ensemble, ou considérés chacun séparément, sont les deux gaz les plus nécessaires à la vie de tous les êtres organisés. L'azote, sous la forme d'ammoniaque, d'azotate, d'acide nitrique ou azotique, joue le principal rôle ; les phosphates, les silicates et la potasse jouent le second rôle avec l'acide carbonique, les sulfates, les alcalis et divers autres sels et oxydes minéraux, où la magnésie, la chaux et le fer dominent le plus souvent.

« Cependant, quoique l'azote et l'acide phosphorique soient les deux principaux éléments des engrais et de la végétation, on s'aperçoit bientôt, si on les emploie isolément sans les associer à d'autres matières, *qu'ils ne suffisent pas pour maintenir le sol dans un état constant de haute fertilité*; il est indispensable que celui-ci contienne encore divers éléments minéraux qui sont directement absorbés par les plantes. Il faut surtout que la terre arable renferme une quantité suffisante de carbone pour composer l'humus qui rend le sol poreux, meuble, léger, apte à subir les influences atmosphériques, afin de retenir dans la mesure nécessaire l'humidité et la chaleur. »

Ces principes sont particulièrement applicables à cette colonie; il est probable que quelques habitants ont abusé du guano à l'imitation de l'île Maurice, et que ceux-ci ont également imité l'Angleterre sans tenir assez compte de la grande différence du climat et du mode d'emploi de cet énergique engrais. Le guano produit un grand effet sur le sol de l'Angleterre par une double cause, d'abord par l'humidité extrême du climat, il y pleut la moitié du temps, et ensuite parce qu'on l'associe à d'autres engrais et surtout au fumier normal de ferme. Les engrais pulvérulents du commerce ne doivent être considérés que comme des adjuvants ou des adjonctions souvent mélangés ou alternés avec le fumier de ferme, qui contient tous les éléments nécessaires au développement de la végétation, mais qui souvent est trop pauvre des deux principaux : l'azote et l'acide phosphorique.

Nous avons visité quelques fermes de l'Angleterre, de ce pays si avancé dans tous les progrès modernes, et qui n'en est pas moins rempli d'infirmités sociales. En vérité, le progrès n'est pas partout dans ce pays, et quoi qu'on en puisse dire, il laisse beaucoup à désirer sur plusieurs points importants. Nous avons vu des fermes où les engrais sont employés à l'état liquide avec un luxe d'appareil assurément fort ingénieux. Voici comment on opère : on dissout tous les engrais généralement quelconques, et même le fumier de la ferme, dans un vaste réservoir d'eau bien étanche, d'où le fécondant liquide se rend par des tuyaux de fonte dans les divers champs; de distance en distance il y a des regards où l'on ajoute un tuyau de toile terminé par une flamme, on ouvre un robinet placé dans le regard, et le liquide est lancé par la pression d'une machine à vapeur sur les cultures, qu'il arrose absolument comme le ferait une pompe à incendie. Ce système paraît être le nec-plus-ultrà de l'emploi le plus rationnel des engrais, et il a d'abord exalté toutes les imaginations; le premier enjouement passé, le calme est revenu, et l'on a fini par reconnaître qu'il exigeait de grandes dépenses d'installation et d'entretien, et que le plus souvent l'augmentation des récoltes ne payait pas l'augmentation des frais, quoi qu'en puisse dire *notre hâmi* l'alderman Mechi.

Nous sommes bien loin, dans nos pauvres colonies, de pouvoir employer de semblables procédés de culture, nous n'avons fait que trop de dépenses pour l'outillage des sucreries qui ont contribué à notre ruine, il faut que nous soyons plus prudents et moins entreprenants à l'avenir; du reste, nous pouvons nous en consoler, ce système d'arrosage si ingénieux serait impraticable à Bourbon souvent par le manque d'eau, et presque partout par les difficultés du terrain.

Nous avons eu le tort grave de placer le guano pur sur la souche ou trop près de la souche de la Canne, et, s'il n'y a pas eu assez d'eau immédiatement pour le dissoudre, il n'a pu produire qu'un faible effet, et même il peut, au contraire, avoir nui en desséchant davantage le sol et la souche. D'un autre côté, si, après avoir employé l'engrais, il survient une avalaison de pluie, il peut être entraîné en partie hors du champ, et ne produire qu'un faible effet, voilà le risque à courir et, si l'on tient compte du prix élevé du guano, il nous paraît imprudent de courir ce risque. Il est bien probable que des sommes énormes ont été employées à Maurice et à Bourbon, en constituant les exploitations en perte, malgré l'accroissement bien visible de la végétation de la Canne, ce qui a tenu tout autant aux éléments potassiques du sol qu'au guano.

Mais il y a encore d'autres motifs. Ce riche engrais n'agit que par l'azote et le phosphate de chaux; or ces deux éléments ne suffisent pas à l'alimentation de la Canne, elle a besoin d'autres sels minéraux, et le guano fonctionne comme une pompe aspirante pour les soutirer du sol et les lui faire absorber. On comprend alors qu'après un temps plus ou moins long le sol s'épuise de plusieurs éléments indispensables à la végétation. Nous pensons qu'il est préférable de mélanger les engrais pulvérulents à d'autres matières, et même au fumier en l'incorporant avec le purin et en arrosant convenablement la fosse à fumier, deux ou trois jours avant de le transporter sur les champs.

Nous avons écrit, l'année dernière, l'article précité à l'occasion des expériences comparatives des engrais de M. Georges Ville, et que mon fils Charles du Peyrat, de concert avec le savant professeur, répète à la ferme-école de Beyrie avec le plus grand soin depuis quatre ans. Il a obtenu, dès la première année, un beau succès sur les Betteraves fourragères, mais il n'en a pas été de même sur le Froment et le Maïs. Quatre années d'essais comparatifs paraissent insuffisantes, et l'on continue les expériences; il faut espérer qu'on obtiendra de bons résultats à force de persévérance, en combinant les engrais chimiques de M. G. Ville avec des plantes enfouies en vert dans le sol; c'est, comme nous allons le voir, la conclusion de notre article. Quant à la théorie si séduisante de ce professeur distingué, nous ne pouvons l'admettre intégralement sans y ajouter, pour le moment, un correctif, jusqu'à ce que des expériences assez multipliées ne viennent en donner la démonstration pratique. En matière d'engrais, il ne faut jamais se hâter de conclure, il faut d'abord calculer le prix de revient de l'engrais (130 francs à 150 francs par hectare et par an) et l'augmentation de la récolte qu'il produit afin de juger avec une parfaite connaissance de cause.

Reprenons la citation de notre article, pour arriver à démontrer quels sont les engrais les mieux appropriés et que l'on puisse le plus économiquement employer dans cette colonie.

« La terre bien cultivée doit être considérée comme une éponge qui reçoit et retient l'humidité et la chaleur nécessaires à la décomposition des engrais pour les rendre assimilables par les plantes. Elle est surtout impressionnable au réveil de la nature, après le sommeil de l'hiver, lorsque la chaleur vient la mettre en action, et que des pluies douces et abondantes la pénètrent dans la mesure convenable, pour dissoudre et combiner les éléments de la sève qui sustente les plantes.

« La terre fermente, un mouvement mystérieux se produit dans les molécules sans cesse repoussées ou attirées les unes vers les autres ; ce mouvement, où l'électricité joue un grand rôle, est surtout excité par la décomposition lente des engrais qui augmentent sa force et sa fertilité naturelles. La terre est amoureuse au printemps, disent les vieux jardiniers ; c'est dans cette saison, où tout chante et se renouvelle, qu'elle répond aux soins qu'on lui donne, et qu'elle rend amour pour amour au cultivateur intelligent qui l'aime comme sa mère. C'est au printemps que son mouvement de fermentation est le plus accéléré et qu'elle fait son grand travail ; la végétation se montre alors dans toute sa magnificence, fraîche, parfumée et fortement colorée de ce vert foncé qui est l'indice de sa vigueur. On ne peut s'empêcher de l'admirer. Comme une fraîche et brillante jeune fille, elle se pare tous les jours de nouveaux atours de feuilles et de fleurs éclatantes ; la fécondation survient, la fleur, jusque-là virginale, se flétrit et disparaît pour donner naissance au fruit. Que de beautés dans les diverses phases de la végétation, que d'harmonies dans le ciel, et les météores qui activent ou retardent son développement, d'où résultent les bonnes ou les mauvaises récoltes! Que d'observations pour l'homme des champs qui, loin des tracas du monde, aime à se rendre compte des phénomènes de la nature!

« Mais, pour qu'il puisse jouir de ce magnifique spectacle des champs, il faudrait en chasser la misère, il faudrait que la terre fût partout bien cultivée, car on ne peut obtenir une bonne récolte sans une riche fumure. Par les diverses transformations successives de la vie à la mort et à la décomposition des plantes dans le sol qui les a produites, l'azote et l'acide phosphorique viennent ajouter leur action à celle des autres sels minéraux, ainsi qu'au carbone et à l'humus, et c'est précisément pourquoi ils sont considérés comme les générateurs de la fertilité. Les plus riches engrais sont ceux qui contiennent la plus forte proportion de ces deux éléments; voilà la mesure de leur valeur réelle et de leur prix commercial. On ne doit jamais acheter des engrais dont le dosage en azote et en acide phosphorique n'est pas garanti par des analyses faites par des hommes spéciaux; sans cette garantie, qu'il n'est pas souvent possible de se procurer, le pauvre cultivateur court le risque d'acheter de la tourbe inerte pour le plus riche engrais; il devient la dupe de son ignorance et des charlatans éhontés qui savent l'exploiter à leur profit, en lui vendant des engrais homœopathiques, dits concentrés, qui ne produisent aucun effet sur le rendement des récoltes. »

Ne nous laissons pas bercer par de séduisantes illusions, les engrais chimiques ne sont que des excitants qui ne contiennent pas tous les éléments nécessaires; ils peuvent être exactement comparés au sel et aux épices dont nous assaisonnons nos aliments pour en faciliter la digestion, mais qui ne nourrissent pas, et, si l'on abusait des uns et des autres, on ruinerait la terre aussi bien que la santé des hommes. Les sels minéraux sont indispensables à la nutrition des plantes, puisque l'analyse de celles-ci démontre qu'ils sont absorbés par elle; ainsi, pour ne citer qu'un fait local très-remarquable, si l'on met de la chaux autour de la Canne, l'acidité du vesou disparaît en grande partie, et il ne faut presque pas en employer pour la défécation du jus; c'est une preuve évidente qu'elle a été absorbée par la plante. Cette expérience, faite, il y a longtemps, à Bourbon, aurait dû faire employer généralement la chaux à la culture de la Canne à sucre. On sait ce qu'il faut faire, et on ne le fait pas; à quoi cela tient-il? Nous le savons bien et nous ne voulons pas le dire, chacun le devinera facilement.

On peut, heureusement, restituer au sol les sels minéraux qu'il a perdus, par l'enfouissement d'une récolte verte tous les trois ou quatre ans; à cette condition, on peut employer les engrais chimiques les mieux appropriés aux plantes que l'on veut cultiver sans crainte d'épuiser la terre; l'humus détruit par les lavages chaque année se trouve restitué par les plantes enfouies qui le recomposent.

Nous avons démontré, dans le Mémoire précité, que la perte de l'azote des fumiers par la fermentation, l'évaporation et les diverses autres causes est des 3/4 au moment de leur emploi sur les champs. Or, la conséquence de ce fait bien constaté par les autorités les mieux établies, c'est qu'on obtiendra *quatre fois plus de force fertilisante en azote*, en enfouissant les fourrages dans le sol, au lieu de les faire consommer par le bétail, surtout si on y incorporait des sels alcalins, des phosphates et des nitrates selon les conditions et les circonstances de la culture. Cette remarque nous paraît être de la plus haute importance, et pouvoir être élevée à la hauteur d'un principe qui, peut-être, nous a été suggéré par les auteurs latins de l'époque de la décadence; il ne serait donc pas nouveau, et peut-être que rien n'est nouveau sous le soleil; mais, s'il reste encore quelque principe agricole à découvrir, nous croyons avoir trouvé celui-ci par la seule observation pratique. Du reste, on peut en faire l'essai sans compromettre en rien le système usuel de culture ; les agriculteurs se décideront ensuite par leur propre expérience, et, si le principe n'est pas nouveau, son application serait au moins nouvelle.

Le fumier sentant naturellement mauvais, nous avons essayé de le parfumer dans cet article, afin d'en faire supporter la lecture, sans trop affecter la délicatesse de l'odorat. Puissions-nous avoir réussi à faire autre chose qu'une bucolique, en traduisant les principes de la science agricole, qui est loin d'avoir dit son dernier mot sur la question des engrais. « Le fumier n'est pas sain, mais il fait des miracles. » Le fumier sent toujours bon au nez du cultivateur, et plus il pique, plus il est bon.

Terminons par l'application pratique des principes à cette colonie, dont le sol, appauvri par une trop longue succession de cultures épuisantes sans engrais, a absolument besoin d'être réparé. « *Be or not to be, that is the question.* »

Nous espérons avoir amplement démontré que la décomposition des végétaux est la base des engrais naturels les mieux appropriés aux climats intertropicaux ; les engrais végétaux coûtent moins cher que les fumiers d'écurie, et incomparablement moins que les engrais chimiques dont il est encore permis de se méfier. Nous engageons les habitants à n'employer que les premiers et les seconds, en réservant les derniers pour des cas exceptionnels, ou pour améliorer les autres, comme nous l'avons plusieurs fois répété pour nous faire mieux comprendre, et qu'on ne nous fasse pas dire ce que nous n'avons pas dit ; nous avons fait tous nos efforts pour être clair, net et précis dans l'exposition de la plus haute question de l'agriculture.

Un mot encore, un bon souvenir, et nous avons fini. Nous engageons les habitants à bien couvrir leurs terres, à enfouir, autant qu'il leur sera possible, des plantes dans le sol à l'époque de leur floraison, et à bien soigner les fumiers qu'ils produisent. Il y a des habitations qui nourrissent l'équivalent de plus de cent grosses têtes de bétail, et, dans de telles conditions, on peut faire des masses de bon fumier en forçant la litière et en recouvrant légèrement les couches de corail pulvérisé à l'aide d'une machine et bluté très-fin. Le corail est riche en phosphate de chaux, nécessaire à toutes les plantes et surtout à la Canne; n'oublions pas que, lorsqu'on emploie la chaux, il ne faut pas la mettre dans le fumier pour ne pas le brûler, mais sur le champ autour de la souche. Il faut déposer le fumier par couches dans des fosses en maçonnerie bien étanche, et ménager des pentes pour que le purin s'écoule dans un puits, d'où une pompe le ramène à la surface des tas qu'on doit arroser souvent sans les inonder, et ajouter un peu d'eau de mer comme nous en avons vu un bon exemple sur l'habitation de la Terre-Rouge, près de Saint-Pierre, chez M. Mottais. Les fosses accolées sont très-bien disposées; il ne leur manque, pour être parfaites, que d'être abritées des ardeurs du soleil par une simple couverture en paille. M. Mottais fume toutes les Cannes qu'il plante chaque année et même les repousses; il met le fumier entre deux rangs, dans une profonde raie ouverte par une forte charrue n° 1 Bodin-Dombasle, puis il le recouvre avec le même instrument. C'est assurément une excellente opération qui maintiendra la fertilité de cette belle habitation, où se trouve tout ce qui est exactement nécessaire, sans superflu, ce qui est assez rare. Une place pour chaque chose, et chaque chose à sa place, voilà l'ordre.

VIII. — ACCROISSEMENT GRADUEL DE LA POPULATION ET DE LA CULTURE DE LA CANNE. — DÉCROISSANCE DU RENDEMENT EN SUCRE.

Nous avons exposé les causes de la maladie qui frappe la principale production de ce pays, et indiqué les remèdes pour la guérir; nous n'espérons pas avoir converti tous les habitants à notre opinion sur cette importante question agricole, nous ne nous sommes peut-être pas assez clairement exprimé pour nous faire parfaitement comprendre. Essayons d'être encore plus explicite, en traduisant la question en chiffres qui frapperont davantage les esprits habitués à ces sortes de calculs, et pour lesquels les résultats numériques font autorité. Chacun de nous raisonne à sa manière, avec la langue qu'il parle le mieux, et la science mathématique est la plus exacte de toutes pour ceux qui savent se servir des signes qu'elle emploie et, en dernière analyse, les traduire en chiffres.

Présentons d'abord le tableau de la population, de la superficie cultivée en Cannes, des produits annuels et des rendements en sucre, depuis l'introduction de cette industrie dans la colonie en 1815 jusqu'en 1861. Malheureusement, depuis 1862 jusqu'à présent, la maladie de la Canne sévit avec tant d'intensité, qu'il est inutile d'en montrer le déplorable résultat; chacun le voit et le sent profondément, puisque le plus grand nombre des habitants ont vu leur fortune diminuer chaque année depuis cette époque, pour finir par une ruine complète.

Nous devons faire une remarque essentielle sur les rendements en sucre à l'hectare et à la gaulette, en expliquant comment ils ont été calculés. Tous les habitants ne suivant pas le même assolement, il est difficile de déduire, de l'étendue consacrée à la culture de la Canne, l'étendue réellement coupée chaque année; et, lors même que la superficie totale, comme on le fait presque partout maintenant, serait couverte de Cannes, il faudrait en retrancher les jeunes Cannes plantées dans l'année qui ne doivent être coupées que l'année suivante; or, comme l'on faisait généralement trois coupes, ce serait un quart à déduire de la superficie totale. Mais toute la superficie n'étant pas entièrement cultivée en Cannes, surtout si l'on se reporte aux années antérieures, nous pensons, après avoir fait de longs calculs dans divers quartiers, qu'on peut fixer, en moyenne, une sole en jeunes Cannes, trois soles en Cannes à couper dans l'année et deux soles occupées par d'autres cultures :

il ne resterait donc que la moitié de la superficie totale du tableau qui a réellement produit le sucre exporté.

Nous ne prendrons, en conséquence, que la moitié de la superficie cultivée en Cannes pour calculer le rendement, et nous avons opéré comme il suit : le sucre produit par année, divisé par la moitié de l'étendue des terres à Canne, donne le rendement en sucre par hectare, lequel, étant divisé par 421 gaulettes contenues dans l'hectare, donne le rendement en kilogrammes par gaulette carrée, d'après la manière de compter du pays.

Ces observations étaient nécessaires pour qu'on ne se méprît pas sur le rendement moyen de la Canne à sucre dans cette colonie, qui n'est pas aussi élevé qu'on l'a cru pendant longtemps. On voit maintenant la vérité, et le tableau suivant va la mettre dans tout son jour.

ANNÉES.	NOMBRE TOTAL de la population	IMMIGRATION.	HECTARES de Cannes.	PRODUIT en sucre.
				Kilog.
1re SÉRIE. 1815.	68,400	»	»	21,000
1820.	71,700	»	»	4,500,000
1823.	»	»	4,200	5,900,000
1825.	81,800	»	6,500	7,607,000
1826.	87,100	»	8,200	10,000,000
Totaux et moyennes. .	77,250	»	18,900	23,507,000
2e SÉRIE. 1829.	100,000	3,100	»	15,200,000
1833.	»	2,400	11,500	17,037,000
1836.	108,000	1,900	14,500	20,000,000
1837.	106,000	1,400	15,100	24,900,000
1840.	104,700	1,400	16,000	29,000,000
1842.	105,000	1,350	24,000	29,500,000
1843.	104,500	1,350	24,100	30,185,000
Totaux et moyennes. .	104,700	1,843	105,200	150,622,000
3e SÉRIE. 1846.	106,200	2,400	25,300	23,185,000
1849.	120,000	12,100	26,000	19,760.000
1851.	135,000	23,400	27,000	23,700,000
Totaux et moyennes. .	120,400	12,633	78,300	66,645,000
4e SÉRIE. 1853.	145,000	29,700	45,200	38,000,000
1855.	176,000	45,900	56,500	50,900,000
1856.	181,600	50,200	58,000	56,200,000
1857.	185,800	53,200	59,000	56,950,000
1858.	194,300	60,800	60,500	58,656,000
1859.	199,400	64,700	61,300	62,600,000
1860.	200,000	64,400	62,000	68,469,000
Totaux et moyennes. .	183,157	52,700	402,500	391,775,000
Total général.	200,000	64,400	604,900	632,549,000

RENDEMENT MOYEN par HECTARE.	RENDEMENT MOYEN par GAULETTE.	OBSERVATIONS.
Kilog.	Kilog.	
»	»	1re série. — L'industrie sucrière, de 1815 à 1826, doit être considérée comme dans l'enfance ; les terres neuves et les meilleures de la colonie devaient rendre beaucoup ; mais la fabrication était très-défectueuse ; la barrique de vesou ne rendait que 20 kilog. de sucre, tandis qu'elle a rendu, plus tard, 30 kilog. et jusqu'à 40 kilog. — Malgré ce déficit d'au moins 50 pour 100 dans la fabrication, on voit que le rendement, augmenté de 50 pour 100, serait le plus élevé de toutes les séries.
»	»	
2,809	6.672	
2,341	5.560	
2,439	5.793	
2,487 k	5k.908	ou 11 livres 8/10es par gaulette de 25 mètres carrés.
»	»	2e série. — Ce n'est guère que depuis 1830 que l'industrie sucrière prend de l'essor ; ce n'est qu'en 1842 et en 1843 que l'étendue de la culture de la Canne augmente ; sans doute parce que 1840 fut une très-bonne année. Cependant cette étendue n'est encore que de 24,000 hectares. On a appris à mieux faire le sucre ; la barrique de vesou rend 39 kilog. et plus, en recuisant les sirops, et la cuite à basse température date de 1837. Les perfectionnements ne se sont plus arrêtés depuis lors, et ont fini par la turbine à purger.
2,963	7k.037	
2,759	6.552	
3,298	7.833	
3,625	8.610	
2,459	5.848	
2,505	5.950	
2,863 k	6k.800	ou 13 livres 6/10es par gaulette carrée.
1,833	4k.353	3e série. — De 1846 à 1851, l'étendue cultivée en Cannes n'augmente pas encore très-sensiblement ; mais la maladie vient frapper la Canne et réduire beaucoup son rendement. Ces trois années ont été bien mauvaises, surtout 1849.
1,520	3.610	
1,755	4.169	
1,702 k	4k.043	ou 8 livres 8/100es par gaulette carrée.
1,681	3k.992	4e série. — A partir de 1852 tout change brusquement de face, l'étendue en Cannes double de suite ; en 1851, elle n'était que de 27,000 hectares ; en 1855, elle est de 56,000 hectares, et ne cesse d'augmenter pour arriver à 62,000 hectares en 1860. Cependant les rendements à l'hectare, au lieu d'augmenter, diminuent sensiblement, parce que les nouvelles terres défrichées sont de qualité inférieure, trop légères, trop élevées et trop froides pour la Canne, elles ont été épuisées dès la première rotation. Tout le monde a été ébloui de tant de richesse apparente, on faisait 100, 136 et jusqu'à 146 millions de livres de sucre en 1864, qui n'ont été obtenus qu'en triplant l'étendue en Cannes, et avec des dépenses considérables, car c'est de cette époque que datent la grande immigration des travailleurs et la reconstruction des sucreries meublées de tous les appareils les plus perfectionnés. Ce n'est pas tout de produire beaucoup, il faut produire à bon marché. C'est ce qu'on n'a pas fait.
1,802	4.279	
1,934	4.594	
1,930	4.585	
1,939	4.605	
2,042	4.851	
2,208	5.222	
1,946 k	4k.623 (1)	
2,091 k	4k.967	Voir, ci-après, le tableau de la douane pour les années de 1861 à 1868.

(1) Ou 9 livres 1/4 par gaulette carrée.

Nous avons eu quelque peine à nous procurer les données de ce tableau, et nous avons supprimé toutes celles qui ne nous ont pas paru assez exactes. Nous avons pris nos renseignements dans les notes de Maillard et à des sources plus ou moins officielles pour les compléter. Si les données sont exactes, et nous ne croyons pas qu'elles s'écartent beaucoup de la réalité, les calculs sont rigoureusement exacts, et chacun peut en déduire les conséquences.

Il est évident que la population a *doublé* depuis **1830**, et que l'étendue cultivée en Cannes a *sextuplé*, voilà le motif de l'augmentation si considérable des produits en sucre, surtout de **1854** à **1861**, car *le rendement, au contraire, a diminué;* c'est aussi l'époque où l'immigration a été la plus grande et où les dépenses se sont élevées dans une proportion inconnue jusqu'alors.

Ce qui étonnera peut-être beaucoup de personnes, c'est la faiblesse du rendement en sucre relativement à la surface cultivée en Cannes; nous en avons dit la raison dans les observations de la quatrième série du tableau. Ce rendement n'est pas aussi fort qu'on l'a toujours cru; il faut, d'ailleurs, remarquer qu'il s'agit d'un rendement moyen *pour la colonie entière et pour des Cannes de tous les âges;* ce rendement n'est même pas la moitié de celui obtenu par M. Joseph Desbassayns pendant vingt-sept années consécutives dont nous avons publié le tableau, et qui met dans tout son jour l'excellence du système de culture de cet habile agriculteur. Cela ne doit pas étonner, et l'on voit, en France, des propriétés bien dirigées qui rendent le triple et plus de la moyenne des autres de la même contrée.

Les personnes qui ont peu de foi agricole et qui ne croiront pas à l'exactitude des chiffres du tableau que nous venons de leur présenter peuvent facilement les vérifier elles-mêmes; elles trouveront l'exportation des sucres sur les registres de la douane, moins la consommation locale qui est relativement peu importante; mais notre travail n'ayant d'autre but que celui de faire ressortir la décroissance du rendement en sucre, il est indifférent qu'il soit un peu moins fort d'une quantité, d'ailleurs minime, pourvu qu'il soit proportionnel entre toutes les années. Quant à l'étendue des terres à Cannes, on la trouvera au bureau de la statistique de la direction de l'intérieur. N'est-il pas de notoriété que cette étendue a *quadruplé* depuis 1840, et que les produits n'ont pas augmenté en proportion, puisqu'ils n'ont guère dépassé *le double* en 1860 ?... Que l'on pose les chiffres comme on voudra, le résultat ne variera pas d'une quantité appréciable de celui du tableau.

On peut donc affirmer, sans crainte de se tromper, que le rendement par hectare a diminué, surtout depuis 1843, ce qui ne peut, évidemment, provenir que de l'épuisement graduel du sol ; cet épuisement ne peut être que proportionnel à la production, il est, par conséquent, du *tiers* même dans la période de richesse apparente, de 1852 à 1860, sur celle de 1833 à 1843, et, si vingt-cinq années consécutives de mauvaise culture ont suffi pour affaiblir le sol, il faudra à peu près le même temps, dans les circonstances ordinaires de la culture, pour le rétablir dans son ancienne fertilité; mais on peut abréger ce temps pour un emploi judicieux du fumier et des engrais.

Une dernière observation, et nous aurons à peu près tout dit sur ce sujet, le plus important de tous pour la colonie, tous les autres n'étant, en réalité, que des accessoires. Il est nécessaire de faire encore remarquer que, sur la fin de la dernière période, on est arrivé à couvrir presque toutes les terres en Cannes : en 1860, par exemple, on a coupé 36,700 hectares de Cannes, tandis que, par la formule dont nous nous sommes servi pour calculer les rendements du tableau, nous avons supposé qu'on n'en avait coupé que 31,000 hectares, et nous avons calculé le rendement de cette année à 2,208 kilog. par hectare; on a $5^{k},222$ par gaulette, tandis qu'en comptant 36,700 hectares de Cannes coupées il ne serait, en réalité, que de 1,865 kilog. par hectare, ou de $4^{k},383$ à la gaulette. On voit que les rendements du tableau sont plutôt trop forts que trop faibles pour cette période.

Maintenant que presque toutes les terres sont à peu près couvertes de Cannes, et que la maladie et, par suite, le borer ont beaucoup gagné en intensité, le rendement a nécessairement encore diminué, il ne doit plus être que de 1,300 kilog. ou de 3^{k},087 en moyenne par gaulette, et ce chiffre est plutôt fort que faible, appliqué à toutes les terres en moyenne de la colonie; c'est effrayant, ce ne serait qu'environ la moitié du rendement de la période la plus productive de 1833 à 1843, et depuis lors les frais ont considérablement augmenté. Ceux qui seront sourds à nos avertissements, et qui croiront désormais à une riche production en sucre, en suivant les anciens errements de la culture épuisante, se trompent étrangement et se ruineront infailliblement s'ils ne changent pas au plus vite leur mauvais système de culture.

Nous pouvons seulement leur faire espérer que nous entrerons, peut-être bientôt, dans une période pluvieuse qui pourra faire disparaître la maladie en donnant une grande force à la végétation; mais cet effort de la nature ne sera que passager, et nous retomberons fatalement dans la même misère, en faisant plus de frais que de revenus; car on ne peut continuer d'enfreindre impunément les lois naturelles de la végétation, comme on le fait depuis trop longtemps dans cette colonie.

Ces observations feront naître de sérieuses et bien tristes réflexions; la vérité doit passer avant tout, et il ne dépend pas de nous de montrer que tout ce qui nous entoure est couleur de rose : la prospérité ne viendra qu'à force de travail intellectuel et matériel; puissions-nous avoir été bien compris, et que notre étude puisse être profitable à cette chère colonie que, depuis plus de 40 ans, nous considérons absolument comme notre propre pays.

Saint-Denis, île de la Réunion, ce 31 décembre 1868.

Auguste du Peyrat.

P. S.— Ici finit la partie agricole de ce Mémoire, et, si l'on prend la peine de le relire avec attention, nous espérons qu'on ne le trouvera pas trop long pour son contenu. Pour le compléter, nous ne pouvons nous dispenser de parler de la population de cette intéressante colonie et de sonder un peu son avenir; ce sujet se rattache tout naturellement à l'agriculture et soulève les plus hautes questions de la main-d'œuvre, que nous n'aurons que le temps d'effleurer avant d'aller reprendre notre charrue. Nous ne la quitterons plus tant que nous aurons la force de la tenir, ou plutôt nous la ferons tenir désormais par des bras plus vigoureux; nous avons des enfants qui aiment *la terre et les cultivateurs*, deux idées solidaires, l'une ne produisant rien sans l'autre. *Mores castigat aratrum*, c'est la devise de notre ferme et celle de nos enfants. Si l'on trouve que nous avons sans cesse chanté le même air agricole, monotone et plaintif comme celui des paysans montagnards, on nous accordera au moins de l'avoir chanté en variations sur tous les tons, pour le faire apprendre par cœur par tous ceux qu'il doit intéresser, c'est-à-dire par les habitants des colonies; c'est la gloire que leur souhaite le vieux professeur.

Etat des exportations et des importations à l'île de la Réunion, de 1859 à 1867 inclusivement.

EXPORTATIONS DES DENRÉES COLONIALES, EN KILOGRAMMES.

DENRÉES.	1859.	1860.	1861.	1862.	1863.	1864.	1865.	1866.	1867.
	Kilog.	Kilog.	Kilog.	Kilog.	Kilog.	Kilog.	Kilog.	Kilog.	Kilog.
Sucre	62,596,309	61,469,081	61,399,717	61,564,111	47,800,763	41,190,289	41,876,958	48,401,053	36,000,440
Café	200,178	239,779	46,306	243,610	76,572	43,388	192,331	383,281	210,058
Girofle. Clous	29,653	57,000	40,956	18,570	11,810	42,918	28,563	8,160	7,470
Girofle. Griffes	4,449	2,111	756	1,817	6,494	6,254	5,619	1,368	1,570
Muscade et macis	2,724	1,821	3,319	1,901	2,015	2,756	1,365	2,504	2,142
Vanille et vanillon	3,617	6,097	15,719	29,697	25,932	20,856	35,376	32,616	28,261
Rhum (litres)	121,570	76,351	50,528	113,380	83,860	78,480	115,727	160,772	257,354

Valeur des importations en francs.

ANNÉES.	MARCHANDISES françaises.	MARCHANDISES étrangères.	TOTAUX.
1859	20,620,423	21,988,240	42,608,663
1860	21,957,231	20,566,738	42,523,969
1861	29,480,709	23,310,425	52,791,134
1862	27,405,910	26,012,676	53,418,586
1863	21,414,200	16,130,982	37,515,272
1864	15,194,908	17,730,633	32,925,541
1865	12,658,490	7,352,365	20,010,855
1866	14,904,412	15,774,338	30,678,750
1867	14,110,364	12,310,188	26,420,852
Total			338,923,622

Valeur des exportations en francs.

ANNÉES.	SUCRE.	DENRÉES diverses.	TOTAUX.
1859	31,118,661	3,083,231	31,201,892
1860	35,163,260	3,178,867	38,342,127
1861	30,528,972	3,761,808	34,290,780
1862	29,957,001	4,008,180	33,965,181
1863	19,977,315	2,594,608	22,571,923
1864	21,446,775	2,553,017	23,999,822
1865	19,601,439	3,235,902	22,837,341
1866	22,307,692	4,274,751	26,582,433
1867	16,667,765	3,606,177	20,253,942
Total			257,045,451

Pour extrait des états du commerce de la douane,

Saint-Denis, le 2 juin 1868.

Le premier commis de direction,
Signé Trétel.

Vu : l'inspecteur du service,
Signé J. de Gaillande.

APPENDICES.

I. Population. — Races diverses. — Immigration.

Les recensements ne paraissent pas être faits avec tous les soins et les détails nécessaires ; depuis **1848**, on a naturellement confondu toutes les races si diverses qui composent la population, parce qu'elles ont toutes des droits égaux devant la loi. Ce n'est pas un motif pour ne pas les distinguer entre elles, cela peut être très-utile à l'économie politique et à l'administration de la colonie, et ne peut porter le moindre obstacle à l'égalité des droits de chaque catégorie en particulier, ni de toutes en général,

Il conviendrait donc de mieux disposer, dans la suite, le cadre des tableaux du dénombrement de la population, savoir : la population ancienne et stable, et les immigrants subdivisés selon les pays de provenance et qui devraient être considérés comme population flottante. Chaque catégorie serait divisée en **4** colonnes sur les tableaux, savoir : **1re**, cultivateurs; **2e**, industriels ouvriers ; 3e, *sans profession* ou petits marchands; **4e**, domestiques. Que de renseignements utiles l'administration ne tirerait-elle pas d'un pareil état de recensement de notre population, si variée par les races et les mœurs ?

D'après l'annuaire de la colonie, la population totale s'élevait, au 31 décembre 1867, à.	209,688
Et les immigrants, jusqu'au 1er novembre 1866, à. . .	78,691
Si ces chiffres sont exacts, il resterait, pour l'ancienne population.	130,997
Si de ce nombre on retranche les affranchis de 1848. .	60,829
Il en résulterait pour l'ancienne population blanche et mulâtre.	70,168

Mais combien reste-t-il des affranchis de 1848 ? Le recensement ne le dit pas, et il serait pourtant très-intéressant de le savoir, leur nombre doit avoir beaucoup diminué; les vieux qui existent encore sont fort misérables, et leurs enfants viennent en grand nombre habiter la ville, où ils trouvent des écoles gratuites pour les garçons et les filles. Les vieux comme les jeunes ont tous abandonné la culture, et Dieu sait ce que cette population deviendra dans l'avenir; pour le moment elle vit comme elle peut dans les bois et les îlets des rivières, et elle a dû augmenter considérablement le nombre des petits blancs créoles, qui était autrefois de **10 à 12,000.** Il serait utile que le recensement distinguât ces deux races bien différentes, mais qui maintenant vivent de la même manière dans les bois, et il faudra, par la suite, trouver les moyens de venir en aide à cette double catégorie de la population, pour qu'elle ne devienne pas trop à la charge de la société coloniale. Qui sait ce que l'avenir nous réserve, il faudra peut-être en venir à faire émigrer les uns pour en demander d'autres à l'immigration, afin d'assurer la production coloniale; ce serait une singulière anomalie, et la prudence oblige de prendre des mesures longtemps d'avance pour éviter ce double déplacement d'hommes qui serait la preuve manifeste d'une mauvaise administration du pays.

Cette population flottante d'immigrants présente de graves inconvénients, elle tend déjà à encombrer les villes et ne promet assurément rien de bon pour l'avenir. Dès 1860, nous trouvons, dans les notes de Maillard, un petit état des condamnations pendant sept sessions de la cour d'assises, c'est-à-dire pendant vingt et un mois, dont voici le résumé :

37,200 Indiens ont subi 75 condamnations, dont 2 à mort et 37 aux travaux forcés pour assassinats, vols et attentats à la pudeur, et pour 1,000 individus, ci. . . . 2.01 condamnations.

13,600 Malgaches ont subi 27 condamnations, dont une seule aux travaux à temps, et les autres pour vols et vagabon-

	dages, et pour 1,000 individus.	2.07	condamnations.
12,800	Cafres (nouvelle introduction), chose très-remarquable, n'ont subi qu'une seule condamnation pour vol. Nous avons d'abord cru qu'il y avait une faute d'impression ; mais il paraît que le chiffre est exact : pour 1,000 individus.	0.08	—
380	Arabes ont subi une condamnation pour vol. Pour 1,000 individus.	2.63	—
400	Chinois (restant des 1,800 introduits) ont subi une condamnation pour coups et blessures. Pour 1,000 individus.	2.50	—
23	Australiens n'ont subi aucune condamnation	»	—
64,403	ont subi 105 condamnations, soit, en moyenne, pour 1,000 individus. . . .	1.63	—
60,829	affranchis de 1848 (supposés encore existants) ont subi 42 condamnations pour vols et abus de confiance. Pour 1,000 individus.	0.60	—
74,768	Européens, créoles blancs et libres, anciens, ont subi 17 condamnations pour vols, faux et abus de confiance. Pour 1,000 individus.	0.22	—
200,000	Total de la population en 1860.		

Depuis 1860, cet état de choses a empiré, surtout chez les Indiens, où les assassinats entre eux et les attentats de toutes sortes se multiplient. Si l'on réunit le nombre des immigrants, à l'exception des Cafres qui, par un hasard heureux, n'ont subi qu'une condamnation sur 12,800, dans cette période de 21 mois on trouve, en moyenne, 2.11 condamnations par 1,000 individus, tandis que la population créole n'a été frappée que de 0.22 centièmes d'une condamnation, c'est-à-dire de 1 dixième seulement de celle des immigrants. Cette énorme différence doit sauter aux yeux les moins clairvoyants, et faire entrevoir ce que l'avenir nous réserve, si nous persistons à aller chercher les travailleurs dont nous aurons besoin dans l'Inde. L'opinion de tous les habitants est unanime sur ce point important : les meilleurs travailleurs, les moins voleurs et les plus dociles sont évidemment les Cafres de la côte d'Afrique; ils n'ont, d'ailleurs, aucune pensée de retourner dans leur pays, parce qu'ils se trouvent beaucoup mieux dans la colonie, où ils sont traités avec humanité, tandis que dans leur malheureux pays, où ils sont esclaves, ils meurent de faim, et sous les coups de fouet de leurs barbares maîtres africains.

L'annuaire de la colonie nous a fourni quelques chiffres avec lesquels nous avons composé le tableau suivant :

	HOMMES.	Enfants au-dessous de 14 ans.	TOTAL.	FEMMES.	Filles au-dessous de 14 ans.	TOTAL.	TOTAL général.
Population au 31 décemb. 1867.	108,467	28,935	137,402	47,264	25,022	72,286	209,688
Immigrants introduits au 1er novembre 1866. . .	60,319	3,264	63,583	12,618	2,550	15,108	78,691
Restait pour l'ancienne population.	48,140	25,671	73,819	34,686	22,492	57,178	130,997

Les affranchis de **1848** sont compris dans ces derniers nombres, et les immigrants doivent aussi avoir été réduits par la mortalité.

Si l'on compare ces chiffres à ceux de la statistique de la France, on les trouvera très-discordants; en effet, le rapport entre les hommes et les femmes, en n'y comprenant pas les enfants au-dessous de **14** ans, serait en nombres ronds :

Pour la population totale actuelle. . .	47	femmes pour	108	hommes.
Pour la population des immigrants jusqu'en 1866.	12	—	60	—
Pour la population ancienne, en y comprenant les affranchis de 1848.	35	—	48	—

Nous nous abstiendrons de déduire toutes les causes morales d'une telle disproportion entre les deux sexes. Avant l'introduction des Indiens, l'équilibre tendait à s'établir, et quelques années auraient suffi pour qu'il y eût autant de femmes que d'hommes, car déjà, en 1850, il y avait 25,000 garçons au-dessous de 14 ans, et 22,500 filles du même âge. On voit que, depuis l'introduction des Indiens, ce rapport a changé, et la population totale actuelle a plus du double d'hommes que de femmes, et les immigrants pris isolément n'ont qu'une femme pour cinq hommes. Voilà une cause de désordres de toutes sortes qui conduira cette population de travailleurs à une démoralisation, à une corruption dont on ne peut se faire l'idée, quoique le mal soit déjà fort grand. Allez donc faire de bons chrétiens avec une telle population ! Récriez-vous ensuite contre les dépenses énormes de la police de ce petit pays pour garantir la sûreté publique et la conservation des propriétés; tout paraît annoncer que cette situation s'aggravera, et que l'on sera dans la nécessité de doubler ces dépenses avant longtemps pour le maintien de l'ordre.

Les immigrants n'ont pas été choisis, on a pris tous ceux qui se sont présentés dans les villes maritimes du vaste littoral de l'Inde, et nous n'avons reçu, à la Réunion, que le rebut de ces populations; il ne faudrait donc pas juger les Indiens, et surtout les Chinois, par ceux qui sont venus ici, ils nous ont apporté une foule de maladies avec tous les vices de leur civilisation décrépite, et rien ne fait encore espérer qu'ils finiront par comprendre celle de ce pays. L'expérience est faite depuis assez longtemps pour être bien fixé sur ce point; les immigrants, au lieu de se corriger de leurs vices, se corrompent de plus en plus. Il faut trouver un remède à cette plaie, la plus dangereuse pour l'avenir de cette colonie.

Il est absolument devenu nécessaire de combiner les institutions coloniales de manière à ce que l'obligation du travail agricole devienne une nécessité pour les immigrants;

sans un engagement bien spécifié pour la culture, ils l'abandonnent après quelques années et viennent s'établir dans les villes, où ils finiront par être une charge que le pays ne pourra porter, surtout aux époques de cherté des subsistances. C'est là un des points les plus essentiels à étudier pour la sécurité et la prospérité de cette colonie ; il ne faut pas se borner à étudier cette importante question, comme nous l'avons fait, il faut agir et suivre d'abord rigoureusement les règlements existants et arrêter de suite les bases de nouvelles institutions qu'on mettrait graduellement en pratique, et cependant le plus promptement possible, pour ne pas laisser aggraver le mal qui déjà nous menace. La population de Saint-Denis augmente tous les jours et sera bientôt le quart de celle de la colonie entière, il faut absolument trouver les moyens d'arrêter cette agglomération d'immigrants non agricoles dans les villes et ne pas imiter, sur ce point, l'île Maurice qui, sur une population de 250,000 émigrants, n'en compte que 70,000 employés aux travaux de la culture; c'est là une situation effrayante pour l'avenir, et Maurice en éprouve déjà les désastreux effets. Si l'on voulait, peu à peu, détruire les colonies, on ne pourrait assurément mieux faire que ce que l'on fait, et l'on ne peut comprendre un semblable aveuglement.

Sans entrer dans une longue dissertation ethnographique que les bornes de ce mémoire ne comportent pas, disons seulement quelques mots sur les diverses races qui peuplent la colonie, en réservant la première, la race blanche, qui l'a fondée pour la dernière, et comme le bouquet de toutes les autres plus ou moins mélangées. On excusera quelques répétitions dans ces notes écrites à la hâte sur les habitations dans les conversations que nous avons eues avec les noirs eux-mêmes des diverses races.

Affranchis de 1848. — Les anciens esclaves étaient de diverses races africaines et asiatiques. Parmi les Cafres qui étaient les plus solides travailleurs, on distinguait quelques Yolops de la côte occidentale, et les Yambanes, les Macouas, les Bibis, venus de la côte orientale ; puis les Malgaches, bons ouvriers, quelques Arabes de Zanzibar, quelques anciens Indiens, des Malais, et, enfin, les noirs créoles les plus intelligents de tous, mais aussi les plus rusés ayant pris les défauts et non les qualités de leurs maîtres. Ils regardaient de travers toutes les autres races comme fort au-dessous de la leur, même les Indiens libres, tant ils étaient infatués de leur mérite. Toutes ces races se sont mélangées entre elles, plusieurs ont entièrement disparu comme les Malais qu'on ne retrouve plus, et maintenant on ne distingue bien que trois races, les créoles, les Malgaches et les Cafres; ces derniers, vivant, le plus souvent, séparés des autres, conservent leurs mœurs et leurs danses africaines.

Les anciens esclaves affranchis, en 1848, sont fort malheureux, ils ont abandonné les travaux de la culture, et leurs enfants ont suivi leur exemple ; ils vivent comme ils peuvent, dans les fonds des rivières et de maraudage, la plus grande plaie de l'agriculture de cette malheureuse colonie ; les plus courageux et les plus hardis sont, néanmoins, d'habiles pêcheurs à la mer, et ceux-là vivent fort bien ; beaucoup d'autres se réfugient dans les villes comme les Indiens, où un petit nombre sont employés comme domestiques; leurs enfants, élevés par les frères de la doctrine chrétienne, ont tous l'ambition d'être commis plutôt qu'ouvriers. L'orgueil les domine. Cette ambition, poussée trop loin, est très-fâcheuse, car il est impossible de créer des emplois dans le commerce ou dans l'administration pour un aussi grand nombre de jeunes gens. Il est à regretter que le recensement n'indique pas, dans une colonne séparée, cette catégorie de la population coloniale, ne serait-ce que pour en connaître exactement le nombre, et chercher les moyens de les employer utilement par la suite. Peut-être sont-ils destinés à aller chercher fortune à Madagascar et à civiliser la côte orientale d'Afrique.

Les anciens esclaves affranchis de 1848 fuient comme la peste toutes les occupations qui demandent un pénible labeur ou une grande activité intellectuelle dans le travail ; leur plus grande jouissance, avant comme après leur émancipation, est de s'accroupir devant le feu en regardant bouillir leur marmite de riz, et, s'ils racontent ou écoutent des histoires, ils sont au comble du bonheur; leur apathie, leur insouciance, est indomptable, le coin du feu et le *farniente* dans leur boucan enfumé sont tout pour eux. Que faire de cette population ? Elle se réduira d'elle-même par la misère, et ses descendants devront se décider à s'occuper à quelque ouvrage facile ou peu pénible, ou à émigrer.

Immigrants.

Indiens. — Les hommes ont de beaux traits et l'œil vif ; ils sont grands et maigres, ont les jambes très-menues et les épaules relativement larges pour leur taille; ils sont de couleur brun rouge, plus exactement bois d'acajou foncé; leur constitution faible et grêle est un contraste frappant avec la constitution forte et musculeuse des Cafres. Les femmes indiennes sont petites, noires et assez laides; leur luxe consiste dans plusieurs anneaux de métal rivés aux chevilles, ainsi que des bracelets de même métal, en argent ou en cuivre, et des pendants ornés aux oreilles et au nez, accrochés à la membrane intérieure ; ces femelles sont assez sales, et leur corps est déformé par l'excès de leur libertinage ; elles se refusent à tout travail en dehors de leur petit ménage malproprement tenu; elles ont fort peu d'enfants et presque tous meurent en bas âge. Il y a pourtant quelques Indiennes qui servent comme domestiques, femmes de chambre ; celles-là ont pris le costume européen et ont plus de propreté et meilleure façon dans l'ensemble de leur personne.

Les races indiennes, généralement belles dans leur pays, sont ici fort chétives, parce qu'on nous a envoyé des castes inférieures et misérables, la lie ou l'écume des ports de mer, et non des Indiens cultivateurs de l'intérieur. Ce sont de mauvais travailleurs, sans aucune énergie; on trouve seulement parmi eux quelques bons jardiniers et des domestiques intelligents, lorsqu'on les emploie à un service spécial, car ils sont incapables de bien remplir plusieurs services à la fois; ce qui distingue, d'une manière toute particulière, leur capacité, c'est leur aptitude au petit commerce de détail, et c'est ce qui les attire dans les villes.

Les Indiens des basses castes venus à la Réunion ont une sorte de religion païenne; avec quelques cérémonies bizarres, comme les fêtes du Pangol, cela leur suffit, et les missionnaires n'ont pu réussir à les convertir au christianisme, tant ils sont rebelles à tout changement de leur civilisation décrépite. Leur moralité est fort équivoque, ils ne sont retenus que par la crainte du châtiment; ils sont généralement voleurs, maraudeurs, et ont tous les vices des anciens esclaves sans en avoir les qualités. Nous avons pris beaucoup de renseignements avec les agents de police des villes, et surtout avec les régisseurs des habitations, qui nous ont appris leurs méfaits de tous les genres.

En somme, l'immigration indienne à la Réunion est fort loin de rendre les services qu'on était en droit d'en attendre. Voyez l'Appendice II ci-après, que nous avons écrit en 1862 sur des renseignements qui s'accordent assez avec les observations que nous venons de faire directement nous-même. Il faut chercher et trouver un meilleur moyen d'assurer la main-d'œuvre du travail agricole que celui de l'immigration asiatique, et tous les habitants sont à peu près d'accord pour préférer la race cafre à toutes les autres.

Le prix de l'engagement, pour cinq ans, des Indiens a beaucoup varié; on peut l'estimer, en moyenne, à 400 fr. par tête; le demandeur payant, en outre, 10 à 15 fr. par mois à l'engagé, plus le logement et la nourriture, d'après le règlement. Si l'on compte tous les frais quelconques, une partie du rapatriement, les non-valeurs de maraudage, les maladies, les médicaments, etc., le prix de la journée effective de travail dépasse 1 fr. 25. Si l'Indien faisait de l'ouvrage pour ce prix, il n'y aurait rien à dire, et l'habitant se trouverait dans les mêmes conditions que dans plusieurs contrées de l'Europe; mais cela n'est pas, car il faut au moins quatre Indiens pour faire le travail d'un seul bon manœuvre en Europe.

Malgaches. — Les Malgaches, en arrivant dans cette colonie, s'y trouvent d'abord acclimatés, leur pays ayant beaucoup de rapports avec cette petite île, qui est seulement bien plus salubre, mais qui n'est que la deux-cent-trentième partie de la grande terre de Madagascar, dont l'étendue est de 60 millions d'hectares. Les Français la nommèrent autrefois la France orientale. Nous ne pouvons nous empêcher de dire que cette terre aurait dû rester française, au lieu d'être abandonnée à de barbares conquérants, les Ovas, persécuteurs des populations de la côte, nos anciennes alliées, et qui ont conservé de la sympathie pour nous.

Les Malgaches sont intelligents et deviennent assez promptement de bons ouvriers, mais ils ont la pensée de retourner dans leur pays aussitôt qu'ils ont économisé quelque argent, et ils arrivent assez vite à leur but, parce qu'ils sont naturellement avares et thésauriseurs. Avec peu d'argent, la vie est très-facile à Madagascar; le pays est neuf, fertile et la population rare; la terre n'a pas de valeur, tandis que, à la Réunion, elle est fort chère. Les naturels y vivent, comme les petits blancs de cette colonie, à peu près sans rien faire; quelques-uns, cependant, s'adonnent au commerce et à l'industrie du tissage des rabannes, des pagnes, des lambas bordés de raies de soie des plus brillantes couleurs et même de la bijouterie d'or et d'argent. Ce pays est fort curieux à visiter avec sa civilisation moitié barbare et la douceur de ses habitants, sauf, toutefois, les chefs ovas, qui s'appellent des *honneurs*, et leur défunte reine Ranavola-Menjaka, d'exécrable mémoire.

Les populations du littoral n'ont que le moins possible de rapports avec les Ovas, leurs conquérants depuis quarante et quelques années seulement. Les Ovas ne sont pas les aborigènes de ce pays, ils sont d'origine malaise, et l'on ne peut comprendre comment ils y sont arrivés; ce qui est certain, c'est qu'ils habitent, depuis un temps immémorial, les plateaux intérieurs élevés de la grande île, à 1,500 mètres d'altitude, et ils considèrent Emirne, leur ville, comme leur forteresse naturelle, aucune route viable ne communiquant avec les magnifiques ports du littoral. Les habitants des côtes sont, au contraire, les aborigènes, et ils paraissent avoir abordé notre île bien avant Mascarenhas, ainsi que les îles Comores et toute la côte d'Afrique, depuis Mozambique jusqu'à Zanzibar.

Les anciens Malgaches étaient plus navigateurs que ceux d'aujourd'hui, qui ne font plus de longs voyages de découvertes, dans des pirogues primitives formées de troncs d'arbres creusés comme on en voit encore dans toutes les îles de la mer des Indes et du vaste océan Pacifique.

Les Malgaches sont grands et bien faits, ils ont généralement la peau noire, quoique beaucoup moins foncée que celle des Cafres; leurs cheveux sont longs, très-frisés et noirs. Les femmes tressent les leurs avec beaucoup d'art ; elles portent quelques bijoux, pendants d'oreilles, collier et bracelets, et drapent leur corps avec goût. Quoiqu'elles aient de fort beaux yeux, elles sont, le plus souvent, laides de la figure et très-belles par les formes et les proportions du corps; elles ont une douceur de caractère très-remarquable, ce qui porterait à croire qu'elles sont aimables dans leur naïveté simple et obligeante, et, par-dessus ces qualités et pour les dominer toutes, elles ont les soins les plus dévoués pour leur époux et leurs enfants. Si ce n'était le lieu, la case, la couleur et le langage, on ne se croirait pas dans un pays à demi sauvage.

Lorsque les Français abandonnèrent forcément la grande terre, après le massacre du fort Dauphin, une partie seulement put aborder l'île Bourbon avec quelques officiers, leurs femmes blanches, au nombre de deux ou trois, et plusieurs femmes noires leurs servantes. Ces femmes malgaches, esclaves ou affranchies, probablement de l'un et de l'autre état, mais dont on ignore le nombre, s'allièrent avec les militaires européens et peut-être aussi avec quelques-uns des premiers colons arrivés en 1665; ce mélange du sang indélébile des femmes malgaches et leur beauté plastique, alliés au sang européen, ont été les premiers éléments de la population de Bourbon et peuvent être remarqués encore, en y portant une grande attention, dans les races créoles actuelles qui n'ont pas été suffisamment croisées depuis 1674; mais cette empreinte ou trace malgache s'efface peu à peu par de nouvelles infusions de sang européen.

En parlant des Malgaches, nous avons été naturellement entraîné à faire une sorte d'histoire de Madagascar qui a commencé de peupler l'île Bourbon et qui y a laissé quelques traces encore vivantes dans sa population.

N'oublions pas de signaler les défauts des Malgaches comme immigrants; ils sont inconstants, entêtés, ce qui les amène à être un peu raisonneurs, et sont dominés par un amour trop excessif de l'argent. Ces défauts, avec l'esprit de retour dans leur pays, sont un obstacle à ce qu'ils puissent jamais fournir un nombre suffisant de travailleurs à l'île de la Réunion, où leur nombre ne peut dépasser de 12 à 14,000 au plus. On ne peut donc pas compter sur les Malgaches pour assurer la main-d'œuvre agricole dont la colonie a besoin.

Chinois. — En 1844, on eut la malheureuse idée d'introduire à Bourbon 1,800 Chinois, l'écume des populations du littoral de leur pays; il n'en reste plus qu'environ 350, les autres ont été rapatriés ou sont morts dans les prisons; quelques-uns ont été exécutés comme assassins. Cette race perverse, violente et vindicative avait ici tous les vices; nous pensons, pour l'honneur de l'espèce, que les Chinois qu'on nous a envoyés n'étaient que des condamnés par les lois de leur pays et ne devaient pas ressembler aux Chinois du Céleste Empire. Ce qui le fait supposer, c'est qu'il en est quelques-uns excellents sujets, propres à exécuter toutes sortes d'ouvrages. Les Chinois sont industrieux et très-intelligents, ils ont toutes les qualités des bons travailleurs, forts et adroits; il ne leur manque que les qualités morales qu'ils ne paraissent pas comprendre comme nous, leur civilisation étant entièrement différente de la nôtre.

Les Chinois ont un teint faux qui n'est d'aucune couleur, ils ont les cheveux longs et les yeux écarquillés regardant le bout de leur nez. Ils sont laids comme des Chinois, c'est tout dire. Les 350 qui sont restés ici, assurément les meilleurs, ne paraissent plus devant la cour d'assises. Cette race a une aptitude extraordinaire pour le commerce, aussi sont-ils tous marchands boutiquiers dans les quartiers et particulièrement à Saint-Denis. On dit dans l'Inde qu'en fait de trafic et de tromperie un Chinois vaut quatre Persans et un Persan vaut quatre Juifs; il faudrait donc, si le dicton est vrai, seize Juifs pour attraper un Chinois.

Arabes. — Abyssins — Australiens. — Ces races sont exceptionnelles et peu nombreuses à la Réunion, on ne compte qu'environ 400 individus dont 350 Arabes venus de Zanzibar. Nous n'avons pu les observer assez pour en parler avec connaissance de cause ; on nous a assuré que ces émigrants rendent des services aux établissements de battelage qui embarquent et débarquent les marchandises.

Cafres. — Les immigrants cafres ont apporté le choléra à la Réunion qui a décimé la population de plusieurs communes; en général, ces malheureux y arrivent malades par suite des mauvais traitements qu'ils ont subis dans leur pays, où ils sont traités comme des bêtes de somme; il leur faut quelques mois de repos pour se rétablir ; la force de leur constitution reprend ensuite le dessus et, une fois acclimatés, ils sont bien moins souvent malades que les autres races d'immigrants. Il serait facile de faire arriver des Cafres en bonne santé, il suffirait de les faire soigner pendant un mois avant leur embarquement par un agent spécial établi sur les lieux. (Voyez Appendice II.)

Les Cafres sont les plus forts travailleurs de cette colonie, ils sont toujours contents lorsqu'ils sont bien nourris et

traités avec justice ; si l'on remplit bien les conditions convenues avec eux, ils sont les moins voleurs, les moins maraudeurs de tous les immigrants; à cet égard l'expérience est acquise depuis longtemps, et nous avons déjà fait remarquer qu'ils subissent beaucoup moins de condamnations que toutes les autres races. Ils ne sont pas difficiles sur la nourriture, ils se contentent de maïs et de manioc, pourvu qu'on leur en donne une quantité suffisante pour remplir leur large estomac, tandis que les Indiens ne veulent absolument que du riz, et, quel que soit son prix, il leur en faut, ou ils refusent à l'instant le travail. Si l'on n'est pas juste avec le Cafre et qu'on rogne trop sur sa nourriture, il faut que l'habitant surveille ce point essentiel ; il devient, par sa force, plus mauvais que les autres immigrants ; il maraude alors pendant la nuit, fait main basse sur tout ce qu'il trouve, surtout sur la volaille, et il se cache le jour dans les bois, dans des endroits presque inaccessibles, il s'y fortifie même, et il est presque impossible de l'atteindre. Lorsqu'il en est arrivé là, le Cafre est un démon qui multiplie ses défauts par ses qualités. Sa taille est au-dessus de la moyenne ; il est trapu, large des épaules, planté sur de fortes jambes, avec des bras vigoureux, les muscles et les attaches bien ressortis et les mamelles saillantes; sa constitution est en tout l'opposé de celle de l'Indien. Le Cafre rit toujours, et l'Indien, insatiable, pleure toujours la faim : *Kary n'a point travail beaucoup ;* mendiant, lâche, faux et poltron, ce malheureux Indien ne sait que se plaindre et s'accroupir, le menton reposant sur ses deux genoux accolés. On dirait un bloc de pierre. Les femmes cafres sont aussi fort robustes, mais d'une franche laideur; à 30 ans elles prennent de l'ampleur et des mamelles pantelantes fort disgracieuses; leurs formes épaisses et trapues n'ont aucune ressemblance avec celles des négresses créoles, à la taille élancée, qui ont une assez bonne tournure.

CRÉOLES.

Mulâtres. — Les mulâtres de Bourbon sont les descendants des anciens affranchis avant l'émancipation de 1848 ; ils sont intelligents et habiles en affaires, et depuis longtemps adonnés au commerce ; il y en a cependant quelques-uns qui sont habitants, mais c'est l'exception ; ils vivent dans l'aisance, et plusieurs sont riches. Depuis qu'ils se marient légitimement suivant la loi civile et religieuse, leurs mœurs se sont beaucoup améliorées et le temps les assimilera peu à peu à la race blanche ; cela arriverait même assez vite s'ils s'alliaient plus souvent à elle, mais ces alliances sont assez rares, et ils se marient généralement entre eux. Les mulâtres sont très-supérieurs aux petits blancs créoles, parce qu'ils sont laborieux et ambitieux de s'élever dans l'échelle sociale en devenant riches. L'avenir leur appartient s'ils continuent, comme tout porte à le croire, à se bien conduire et à se rapprocher des blancs dont ils ont été séparés pendant longtemps.

Quelle que soit la blancheur de la peau de quelques mulâtres, il leur reste toujours un certain tour africain ou madécasse, que la grâce créole tempère infiniment, mais que l'on devine pourtant à l'instant sans pouvoir en expliquer les causes. Le sang malgache a un caractère plus indélébile que celui du Cafre, qui devient blanc par le croisement dès la seconde génération, tandis qu'il faut beaucoup plus de temps pour effacer le type malgache, que l'on reconnaît facilement dans la couleur, dans les formes du corps, dans le tour des cheveux et surtout dans la lymphe et dans la bile. Mais ce caractère est peint aussi dans le regard et dans la nature du génie bien souvent inexplicable ; les créoles empreints de ce caractère seraient de très-habiles diplomates.

Les mulâtres sont grands et bien faits comme les blancs ; leurs femmes sont agréables, elles ont la tournure et la grâce créole que leur donne évidemment le climat ; elles sont, toutefois, inférieures aux femmes blanches par la distinction des manières et par l'accentuation encore moins prononcée qui se rapproche davantage du langage créole. Ce langage doux et naïf est charmant dans la bouche des enfants, mais il arrive un moment où il faut faire prononcer et accentuer le français ; les jeunes gens, par leur contact avec les Européens, l'apprennent plus vite que les jeunes filles, plus retirées dans leurs familles et plus souvent en rapport avec les domestiques qu'elles commandent en créole, ce qui les empêche de s'apercevoir de leur prononciation souvent défectueuse. C'est une qualité qui leur manque et qui rehausserait toutes les autres qu'elles possèdent en grand nombre.

Les femmes de couleur n'ont pas une éducation de famille aussi parfaite que les femmes blanches ; quant à l'instruction, elles reçoivent aujourd'hui à peu près la même dans les pensionnats, et nous ne pouvons pas en bien apprécier la différence. Il est certain que la race mulâtre fait des progrès. Elle a déjà fourni un poëte remarquable ; elle n'a qu'à cultiver davantage son esprit pour s'élever dans l'opinion publique, cette reine du monde qui classe les individus selon leur mérite, mais quelquefois aussi selon les apparences qui le font supposer. En toutes choses, il faut considérer le fait réel et se méfier des apparences souvent trompeuses.

Petit blanc créole. — « Plein de lui-même et vide de toute autre chose, » a dit un créole célèbre.

Les petits blancs créoles descendent des premiers occupants de l'île, tombés dans la pauvreté par diverses causes ; des terres basses les plus fertiles qu'ils possédaient dans le commencement, ils se sont peu à peu appauvris et ont fini par habiter les terres hautes à toucher les bois et les îlettes des rivières, où ils sont devenus chasseurs et pêcheurs. Ils ont d'abord abandonné la culture et se sont bornés à planter quelques gaulettes de terre en maïs, en racines, en bananes, et ce pain providentiel des pauvres a suffi jusqu'à présent, avec le produit de la chasse et de la pêche, pour assurer la subsistance de leurs familles. Pendant longtemps ils ont pu vivre assez facilement dans un climat et sur un sol où tout venait bien sans grand travail, ils ont abusé des dons de cette riche nature ; ils ont commencé par chasser les tortues terrestres qu'on trouvait autrefois dans les ravines où l'on n'en voit plus une seule depuis fort longtemps; ils ont détruit le gibier et diminué considérablement le poisson des rivières ; on y pêche pourtant encore ces grosses chevrettes d'un si bon goût, la chite, poisson exquis devenu fort rare, et ces monstrueuses anguilles d'une chair si délicate. Tous ces poissons d'eau douce, bien meilleurs dans ce pays que ceux de mer, tendent à disparaître faute de réglementation de la pêche, et aussi par la diminution graduelle des eaux, par le déboisement de la région moyenne. Parmi tant de dévastations, celle-ci est une des plus grandes à reprocher aux petits blancs, qui abattent toujours le jeune arbre de belle venue pour éviter la peine de couper le plus gros arrivé à sa maturité ; ils vendent le chevron, qu'ils traînent dans les bas, très-bon marché, pour se procurer de quoi manger, et surtout du rhum, dont ils sont trop altérés.

Ce genre de vie *farniente* a conduit ces malheureux à la plus profonde misère, fruit inévitable d'une insouciance et d'une paresse invincibles ; ils croiraient se déshonorer en travaillant la terre. Ennemis de tout assujettissement, ils veulent jouir, à leur manière, d'une liberté et d'une indépendance absolues dans les bois ; ils se sont mis tout à fait en dehors de la civilisation, ne voulant obéir à personne parce qu'ils se croient les premiers hommes du monde, et cependant ils sont ignorants de toutes choses, même des droits et des devoirs que l'ordre social leur donne ou leur impose. C'est un fait reconnu depuis longtemps, qu'il est impossible de les civiliser, même en leur assurant les plus grands avantages.

Voilà les mœurs des petits blancs des bois et des fonds de rivières. Depuis l'émancipation de 1848, les anciens esclaves vivent en général comme eux, en dehors de tout travail agricole : les uns et les autres ne produisent presque rien et détruisent beaucoup. Que deviendra la colonie si cette population de bons à rien continue à prendre de l'accroissement? Il faut y réfléchir sérieusement, et trouver, avec l'aide du temps, les moyens de porter quelque remède au mal dans l'avenir.

Il est devenu indispensable d'arrêter les dégradations du sol de cette colonie auxquelles les petits et les grands ont contribué chacun de leur côté. Les riches habitants des terres basses n'ont-ils pas aussi dévasté leur sol jadis si productif? L'homme est partout le même, partout il épuise sa mère nourrice, la terre, pour jouir ou s'enrichir plus vite, et il ne voit pas que sa ruine est au bout de ses excès de toutes sortes. Il faudra pourtant bien qu'il finisse par rendre à sa mère ce qu'il en a trop pris sans s'inquiéter de son état maladif; heureusement que la chose est encore possible, s'il sait comprendre qu'en ajoutant *un de fertilité* à la terre il *récoltera deux;* mais, pour atteindre ce résultat, il faut qu'il déploie toute son intelligence pour s'instruire des lois de la végétation et des moyens pratiques de les appliquer à la culture. Tout le monde peut faire ce que tant d'autres ont fait et font tous les jours, il ne faut que le vouloir.

La race des petits blancs est-elle restée pure, ou s'est-elle mélangée à la race noire ou mulâtre, à diverses époques? On voit de ces petits créoles, dont la couleur est trop foncée pour penser qu'elle vient uniquement du climat et ne pas croire plutôt qu'elle provient d'un mélange de sang qui a pu s'introduire par des alliances clandestines, car ces petits créoles ont leur possession d'état et leur nom de famille, auquel ils tiennent beaucoup, et, malgré leur couleur foncée, ils tendent à redevenir blancs par l'*atavisme*, c'est-à-dire par le retour à la race primitive. Un fait très-remarquable, c'est que l'influence de l'homme blanc se prolonge sur plusieurs générations successives, tandis que celle de la femme négresse, de race cafre, s'arrête dès la seconde, à tel point qu'une négresse peut avoir des petits enfants entièrement blancs, pourvu que le croisement continue par un père blanc, et même, ce qui est plus extraordinaire, des petits enfants avec des yeux bleus et des cheveux blonds, ce qui ne se rencontre ici que rarement dans la race blanche la plus pure. Voilà une anomalie singulière, des blancs de race pure sont souvent moins blancs que des métis de seconde ou au plus de troisième génération d'Européen et de négresse.

Les petits créoles ne semblent pas avoir retenu grand'-chose de leur mélange primitif avec le sang noir malgache, qui est pourtant si indélébile; ce qui est inexplicable, puisque leurs traits, assez réguliers, n'ont aucun rapport avec ceux des Malgaches; leur teint est, d'ailleurs, d'un blanc mat et terne, sans coloris; leurs yeux sont gris et leurs cheveux châtains. Ce serait une preuve qu'ils ont conservé leur race, ou qu'ils y sont revenus par l'atavisme, quoiqu'elle soit légèrement modifiée par le climat et leur genre de vie.

Malgré son ignorance, cette race est naturellement très-intelligente et fort bien constituée; elle a des jarrets d'acier, supporte les privations de toutes sortes. Les chasseurs sont armés d'un mauvais fusil dont ils savent parfaitement se servir. Ils ont toutes les qualités pour faire les meilleurs soldats du monde, s'ils étaient bien disciplinés; mais il est impossible d'y parvenir dans leur pays, où l'on ne les soumettra jamais à quoi que ce soit qui gêne leur genre de vie. Il faut bien qu'il y ait quelque charme à cette liberté aventureuse, puisque celui qui l'a goûtée dans les bois ou à Madagascar ne veut plus la quitter pour revenir à la civilisation.

Les habitants. — Sous le nom d'habitants, on entend, dans ce pays, les propriétaires qui font valoir le sol directement eux-mêmes, ce sont eux qui ont créé la colonie. Il y a 150 ans qu'elle était encore dans l'enfance. Dès cette époque, un certain nombre des premiers occupants ne surent pas tirer parti de leur position et se ruinèrent, tandis que d'autres concessionnaires, plus conservateurs et plus industrieux, sont restés propriétaires jusqu'à présent, et, sans être précisément riches, ont toujours vécu dans l'aisance sur leurs habitations. Ces petits habitants continuent leur même genre de vie; ils vont assez rarement à la ville et n'ont pas des rapports très-suivis avec les grands habitants sucriers, possesseurs de vastes domaines. Ces derniers seuls ont donné l'impulsion à tous les progrès de la colonisation industrielle; les autres, plus indifférents ou moins hardis — quelques-uns disent plus prudents — sont restés un peu en arrière, ce qui ne les empêche pas de se croire au premier rang de leur race, dont ils sont très-orgueilleux.

Le caractère des petits habitants est plein d'originalité et a un parfum de terroir très-remarquable, surtout dans la partie sous le vent de l'île; ils sont fort loquaces. On dirait qu'ils descendent des Gascons, avec lesquels ils ont plus d'un rapport et même certaines tournures dans le langage. Ils ne doutent jamais de rien, même de ce qu'ils ignorent le plus, et, lorsque leurs amis se lassent de les écouter, ils finissent par leur dire familièrement : Tais-toi donc, tu fais ton doteur, en ajoutant à ce mot un peu de sel local qui n'est précisément pas du sel attique. Ce caractère tient uniquement à l'isolement de ces habitants et à ce qu'ils voient toujours à peu près les mêmes personnes : d'ailleurs très-intelligents et très-polis dans leurs relations, ils ont assurément plus de supériorité que leurs similaires en France. Ils sont plus habiles en affaires et plus rusés, on dit ici fûtés. La nature leur a donné un talent singulier pour embrouiller toutes les questions qu'ils ne veulent pas que l'on comprenne, et alors ils finissent par ne plus savoir eux-mêmes ce qu'ils veulent dire; ils ne se résument pas comme cet avocat du parlement de Pau qui, dans la chaleur de son improvisation, dit à son adversaire : « Vous « parlez toujours du fait sans le prouver; eh bien, le fait, « c'est un enfant fait, celui qui l'a fait nie le fait, et voilà le « fait de tout le procès. »

Le petit propriétaire à Bourbon est considéré du plus grand, et tous les blancs créoles sont d'accord lorsqu'ils n'ont pas à débattre des intérêts personnels ou des opinions politiques qui, depuis quelques années surtout, leur ont faussé l'esprit, ce qui est très-fâcheux. Hors de ces deux points qui soulèvent des discussions interminables, il y a confraternité de race, ce qui ne se remarque pas également en France, où les petits propriétaires voisins, même ceux qui se sont élevés par le travail et l'économie, sont souvent jaloux de ceux qui les dominent par leur position sociale, leur intelligence et leur fortune. Cette basse jalousie était inconnue autrefois; maintenant, au contraire, chacun veut être l'égal au-dessus, mais non au-dessous de lui; personne ne veut obéir, et tous veulent commander. Voilà le fait, c'est aussi un enfant fait d'un autre genre.

La population de Bourbon est fort belle, on n'y rencontre ni boiteux, ni bossus; les hommes sont grands et forts, les femmes de taille moyenne et bien faites. Cette race, d'origine française, améliorée par le climat, se distingue de toutes les autres qui peuplent la colonie par ses hautes qualités; elle est courageuse, énergique, intelligente; elle a l'instinct du bon goût et l'esprit pénétrant; passionnée pour le progrès, elle a fait de grandes et belles choses, elle a créé cette colonie. Mais voici le revers de la médaille, elle n'écoute qu'elle-même et ne croit pas volontiers aux lumières des autres, son sentiment veut faire autorité; elle se laisse trop entraîner par son imagination ardente, et ses défauts viennent précisément de l'excès de ses qualités. *Est modus in rebus*, on dirait qu'elle ignore cette pensée d'un grand poëte, et la modération en toutes choses n'est pas du tout son fait.

On peut tout espérer d'une semblable population, ou tout craindre, si elle continuait obstinément à suivre les errements du passé. Après avoir épuisé le sol, il est absolument devenu nécessaire de le rétablir, en rentrant dans une nouvelle voie agricole : repos et couverture des terres, meilleur entretien des plantations et emploi du fumier pour conserver la fertilité. Nous revenons, sans cesse, à nos moutons, c'est vrai. Chacun son métier, son devoir et sa charge; comment ne finirait-on pas par comprendre qu'il faut faire ici ce que l'on fait dans tous les pays bien cultivés, si l'on veut continuer d'y vivre? Le progrès social consiste dans l'aisance de la vie par le travail et dans la moralité de toutes les classes de la population, et il y a beaucoup à faire sur ce double point, pour que cette colonie ne tombe pas dans la décadence, en devenant semblable aux îles du cap Vert ou des Açores. Il faut y réfléchir très-sérieusement pendant qu'il en est temps encore.

Les femmes créoles. — La richesse de la colonie n'a cessé que depuis quelques années. Le luxe a dû nécessairement l'envahir, et, maintenant que l'habitude en est prise, il est bien difficile de se restreindre dans ses goûts; c'est un malheur dont une trop grande richesse qui n'était qu'apparente a été la cause. Les femmes créoles n'ont pourtant pas besoin de se parer artificiellement pour être belles; leur élégance naturelle, leur taille souple, élancée et légère, ne ressemblent pas à celles de ces petites femmes blanches et roses d'un embonpoint exagéré que l'on rencontre souvent en Europe, et que l'on peut comparer à un Pommier étalé chargé de fleurs et de fruits. Dans ce pays brillant de soleil et caressé par les brises de terre et de mer, ce n'est plus le même type; la créole est en harmonie avec la belle nature où elle vit, et grandit gracieusement comme un jeune Palmier ou une Fougère arborescente; elle passe son enfance à jouer au milieu des fleurs variées dont, à son insu, elle prend l'éclat. Cette beauté de la forme tient, sans doute, à la race; mais le climat, par sa régularité et sa douce chaleur, contribue bien plus que la race au perfectionnement et à la souplesse des organes.

La beauté physique passe. Avec le temps hélas, ce n'est plus qu'un souvenir! mais la beauté morale reste, et l'on ne peut se lasser d'admirer la bonté et la solidité du jugement des mères de famille qu'on a vues si brillantes dans leur jeunesse; dans aucun pays du monde, des soins plus assidus ni plus dévoués n'entourent le berceau de l'enfant et le lit du malade. Ces femmes, si courageuses dans les adversités inséparables de la vie et dans la pratique de tous les devoirs domestiques, sont des anges envoyés du ciel pour consoler et adoucir les hommes qui n'ont pas les mêmes vertus. La plus belle moitié du genre humain est encore, ici, la meilleure, et l'on voit des mères de famille élever chrétiennement leurs nombreux et jolis enfants, en leur apprenant, dès leur bas âge, à travailler pour eux et pour les pauvres, avec cette inépuisable et douce charité qu'on remarque bien plus rarement dans d'autres pays. Les créoles ont un remède pour chaque mal, et toutes savent parfaitement l'appliquer; si elles ne sont pas toutes de bons médecins, il y en a au moins un grand nombre, et généralement elles sont d'excellentes infirmières; elles sucent les devoirs de la charité avec le lait de leur mère, et dans leur tendre enfance (comme Ombeline) on devine à l'instant qu'elles seront plus tard les servantes de ceux qui souffrent.

Il y a, sans doute, partout des femmes dévouées et charitables. Leur nature douce et compatissante les attire, sans cesse, vers les malheureux qui souffrent, pour les soulager et les consoler, mais nulle part on n'en trouve un aussi grand nombre que dans ce petit pays, qui forme à lui seul tout un monde de bonnes œuvres. Les Européennes qui s'y sont fixées suivent tout naturellement ces bons exemples, et deviennent également douces et charitables, et, s'il y a quelques exceptions, nous les ignorons, et nous en connaissons, au contraire, qui sont d'une bonté parfaite.

Notre plume ne tarirait pas sur les qualités si essentielles des femmes créoles et sur la sympathie qu'elles nous inspirent, si nous disions tout ce que nous avons vu dans l'intérieur de leurs maisons dont elles font si bien les honneurs. Comment ne pas être ému de tant de charmes, et ne pas aimer ces aimables créoles de l'île Bourbon!

II. La colonisation par les Arabes, les Indiens et les noirs de l'intérieur de l'Afrique.

Quoique l'Académie n'explique pas bien clairement le sens du mot *nation*, nous pouvons dire qu'on entend par ce mot un état politique indépendant, bien déterminé, se gouvernant uniquement par des lois qu'il a établies ou choisies volontairement lui-même et sans influence étrangère forcée ; par le mot *peuple*, on entend plus simplement une multitude plus ou moins grande d'hommes habitant un même pays, sans pour cela qu'il forme, toujours et nécessairement, un état politique indépendant. Si ces définitions sont admises, les Arabes ont cessé d'être une nation depuis des siècles, et ne sont plus qu'un peuple divisé en nombreuses peuplades répandues à l'extrémité de l'Europe, touchant l'Asie et l'Afrique, et particulièrement dans l'intérieur de ces deux vastes parties de l'ancien monde.

La nation arabe a été vaincue et s'est disséminée, elle n'existe plus, et son peuple est déchu de son ancienne splendeur, il ne sait plus tirer parti des forces de la nature comme autrefois ; son travail est mal organisé et trop peu productif, son agriculture est tout à fait dans l'enfance. Par suite, sa population est beaucoup trop faible pour la superficie qu'elle occupe, et reste partout stationnaire.

Les Arabes, comme les Juifs, sont non-seulement devenus impuissants à constituer des nations indépendantes, mais encore à fonder des colonies, et nulle part où ils sont établis, on ne voit leur domination heureuse et prospère ; peuples errants, ils sont depuis fort longtemps condamnés à l'isolement, et l'histoire inexorable nous montre, partout et toujours, qu'on ne refait pas les nations qui se sont éteintes. Ce qui reste de leurs débris présente bien dans tous les pays quelques individus supérieurs, riches banquiers ou riches propriétaires de troupeaux, et cependant, malgré toutes leurs richesses et même leur intelligence et leur courage, ils sont incapables de former des gouvernements réguliers, dont ils ne peuvent même pas avoir l'idée. Leur législation religieuse, qui n'est plus de notre temps, les condamne à vivre parmi les nations et à se soumettre à leurs lois civiles.

Le royaume de Jérusalem, pas plus que celui des Kalifes de Bagdad ou de Cordone, pas plus que l'empire grec de Byzance, tombé aussi par sa corruption, ne pourront jamais être rétablis; l'Orient est en décadence et l'Occident en progrès; tout annonce que l'avenir appartient à la civilisation de l'Occident, et qu'elle a reçu la mission providentielle de créer un monde nouveau. Il faudra encore plusieurs siècles pour opérer la transformation, mais nous y arriverons graduellement par la seule force des choses et malgré tout ce qu'on pourrait tenter de faire pour s'y opposer.

Dans l'état actuel des choses, ne serait-il donc pas tout à fait absurde de supposer que le Pentateuque et le Koran ont encore assez de force pour gouverner le monde moral et, après les essais de tant de doctrines éphémères, n'est-on pas forcé de reconnaître qu'il n'y a plus de nouvelle religion possible, et que l'avenir appartient au christianisme dans le vrai sens du mot : la charité, la tolérance et l'amour envers l'humanité entière, sans distinction de races ni de croyances? A chacun son droit, son libre arbitre et sa liberté individuelle, pourvu qu'elle ne porte aucun empêchement à celle des autres; que tous puissent librement travailler et s'instruire pour s'éclairer mutuellement, et améliorer leur bien-être et celui de la société entière. Voilà l'avenir politique et religieux, il appartient à l'Évangile qui est de tous les temps et de tous les lieux; tout ce qui est directement contraire à sa doctrine universelle, comme l'est évidemment la loi de Mahomet, est destiné à s'effacer peu à peu des mœurs des peuples dégénérés, ou de ceux encore dans l'enfance, pour être remplacé dans la suite des temps par le progrès de l'esprit chrétien qui se répandra par la paix dans le monde entier.

L'islamisme est en pleine décadence, mais, comme toutes les vieilles erreurs, il faudra encore bien du temps avant qu'il disparaisse. Les peuples qui ont adopté sa loi sont tombés dans un état de faiblesse et de démoralisation dont ils ne peuvent plus se relever, malgré tous leurs efforts pour essayer d'imiter les institutions de l'Occident; le temps des conquêtes de l'islam est passé sans retour, il ne peut désormais que s'amoindrir et languir dans le despotisme et le sommeil de la barbarie. Le fatalisme, la sauvage énergie et le courage indomptable des Arabes ne les sauveront pas de la décrépitude dont ils sont frappés, malgré la beauté de quelques rares figures, comme celle de notre ami Abd-el-Kader, la plus glorieuse de toutes, et qui mériterait de régner sur ses coréligionnaires s'ils savaient le comprendre, mais ils ne le comprennent pas. Leurs divisions intestines existent toujours, et à ces signes on ne peut s'empêcher de reconnaître que la grandeur et la noblesse chevaleresques de ce peuple, jadis conquérant, sont à jamais perdues.

Il est encore possible de rétablir les nations vaincues par la force matérielle, lorsqu'elles ont conservé la conviction de leur droit et l'esprit de leur nationalité qui se confond avec l'amour de la patrie, mais celles qui se sont détruites elles-mêmes par leurs divisions et leur propre occupation, celles qui s'obstinent à vivre isolément dans le désert, en dehors de toute civilisation, comment serait-il possible de les faire revivre? Comment leur faire comprendre que leur intérêt est dans l'amour, dans l'union et le commerce avec tous les peuples de la terre qui caractérisent la civilisation moderne?

Le Koran est écrit dans une langue que les Arabes n'entendent plus; on dirait que la langue est morte avec la doctrine. Mais, quoiqu'il reste encore de la force à sa législation, elle est pourtant à peu près inconnue de ses fidèles croyants, aussi bien que de la plupart des chrétiens, qui n'en ont qu'une idée vague et fort confuse. Si l'on établissait, en Algérie, des écoles pour l'expliquer de manière à la faire bien comprendre du vulgaire, il serait possible que, au lieu de raviver ou de rajeunir cette législation, son étude sérieuse eût, au contraire, pour résultat son affaiblissement. Comment pourrait-on expliquer la morale si extraordinaire du Koran, sans que la plus simple comparaison avec l'Évangile n'en fasse voir le néant? Est-il réellement possible que les musulmans et les chrétiens puissent faire bon ménage ensemble? Oui, si l'on était bien pénétré de l'esprit de douceur commandé par l'Évangile; non, si l'on maintient l'esprit d'antagonisme et de guerre commandé par le Koran contre les chrétiens qu'il confond avec tous les idolâtres sans exception, et dont il prêche, sans cesse, l'extermination pour honorer un Dieu clément et miséricordieux. Une telle religion n'a pu s'établir que par la violence et la conquête, et ne peut pas se soutenir par la persuasion et la conviction du raisonnement. Il n'est malheureusement que trop vrai que le merveilleux passionne et aveugle les croyants, et que la contradiction et l'extravagance que l'on rencontre à chaque instant dans le Koran paralysent l'esprit en lui faisant voir ce qui n'est pas; mais le jour où l'on parviendrait à faire raisonner les Arabes, leur prophète perdrait beaucoup de son crédit : la difficulté sera de les habituer à raisonner.

On peut, toutefois, se demander s'il ne serait pas d'une politique plus sage et plus prudente de laisser mourir doucement la violente doctrine du prophète, plutôt que de chercher à l'expliquer à ses croyants, au risque de lui donner une nouvelle force pour la faire durer plus longtemps. Nous n'oserions, en vérité, trancher affirmativement cette importante question religieuse. Que l'on n'oublie pas, cependant, qu'il n'est jamais bon et qu'il est souvent dangereux d'attiser le feu des passions religieuses. Les personnes de foi tiède qui n'attachent pas assez d'importance aux doctrines religieuses, et qui ne daignent pas s'en occuper, ne nous comprendront peut-être pas; mais celles qui sont animées d'une foi ardente verront peut-être mieux le danger tout en l'affrontant avec courage. Mais n'oublions pas que nous ne faisons pas ici de la religion, mais uniquement de la politique et de l'économie sociale et coloniale.

Quoique la religion sensuelle de Mahomet, au point de vue du raisonnement, ne soit plus qu'un cadavre, ce cadavre infectera encore le monde pendant fort longtemps, et particulièrement l'intérieur de la malheureuse Afrique, où son despotisme conserve toute sa force contre les peuples noirs abrutis par l'esclavage et le fétichisme.

M. le général Faidherbe a rendu de grands services comme gouverneur du Sénégal, en remontant le fleuve, et en étendant nos relations par une prudente et persévérante politique ; tout fait espérer qu'elle produira les meilleurs fruits dans l'avenir, si elle continue d'être conduite avec la même habileté et le même dévouement. On peut déjà entrevoir que le Sénégal et l'Abyssinie ouvriront un jour la voie par laquelle la civilisation chrétienne doit pénétrer dans l'intérieur inconnu de l'Afrique, sur cette terre ardente et maudite, dont les populations, par leur soumission et leur douceur, sont vouées à l'abjection de la brute, et qui, pourtant, seraient les plus aptes du monde à fournir les meilleurs travailleurs pour coloniser les pays intertropicaux.

Les noirs s'habituent facilement à nos mœurs coloniales, et, sans comprendre notre civilisation européenne, ils peuvent puissamment aider à la faire prospérer ; il n'en est pas de même des Arabes et des Indiens, fanatisés par des religions plus ou moins immorales, des préjugés de castes indélébiles qu'une longue suite de siècles a imprimés à leur caractère, qui les rendent rebelles à tout perfectionnement social qu'ils ne comprennent pas. Les Arabes résistent par la force ouverte ou par la prudence innée du serpent en rampant comme lui, et les Indiens, par le mauvais vouloir, la paresse, la lâcheté et le manque de bonne foi ; ils sont usés, démoralisés et corrompus par une civilisation dévoyée fort ancienne, tandis que les Africains sont des peuplades encore primitives, d'un caractère pacifique, qui se soumettent aveuglément aux Européens qu'ils reconnaissent pour leurs maîtres et leurs supérieurs.

Entre ces deux races si différentes d'hommes, il n'y a pas à hésiter; les noirs de l'Afrique, et surtout les Cafres, doivent, par la suite, former la population libre des colonies, si on veut les faire prospérer en les arrêtant sur la pente de leur ruine. Il est devenu absolument nécessaire d'y introduire autant de femmes que d'hommes pour former des familles, en leur assurant une existence facile qui leur ôte toute idée de retour dans leur pays originaire. Un noir sans famille trouble celle des autres et se livre à toutes sortes de désordres; il court pendant la nuit et devient incapable de travailler pendant le jour.

Il faut renoncer le plus tôt possible aux Indiens engagés à temps, dont la prime d'introduction augmente sans cesse; ces mercenaires n'ont pas de famille qui les attache au sol, et ne pouvant y prendre racine, ils partent aussitôt leur engagement expiré, en emportant avec eux leurs économies et le fruit de leurs rapines, ou ils restent dans le pays pour le pressurer en se faisant marchands de toutes choses, et renoncent tout à fait au travail de la culture. Cette population flottante engendre tous les vices et même des crimes qui étaient inconnus du temps de l'esclavage; c'est ainsi que l'émancipation des esclaves, qui aurait dû avoir pour résultat de renforcer la moralité publique, a produit l'effet contraire par les mauvaises mesures qui ont été prises. Comparez les crimes d'autrefois avec ceux d'aujourd'hui. Pendant plus de cent ans on ne connut à l'île Bourbon qu'un seul assassinat (celui de la ravine à malheur); maintenant on en compte au moins un ou deux tous les ans; c'est effrayant.

Il est devenu urgent de porter un prompt remède à tant de maux; l'introduction des Indiens épuise nos colonies et met un obstacle invincible à ce qu'une population stable puisse s'y former. Seule, cependant, elle pourrait acquérir la pratique nécessaire à l'exécution des travaux si variés de la culture et de la manufacture de l'exploitation coloniale.

C'est ainsi que les ateliers, au lieu d'être organisés de longue main, changent trop souvent d'ouvriers, et les nouveaux venus, avant d'être exercés au travail, coûtent plus cher au colon, et cela sans qu'il s'en doute, que le prix énorme de l'engagement qui se renouvelle tous les cinq ans, sans compter tous les inconvénients si graves que nous venons de signaler.

Comment ne s'est-on pas aperçu plus tôt que le système suivi depuis 1851 est désastreux? Il faut se hâter de le remplacer par celui que nous venons sommairement d'indiquer, car, si l'on continuait de suivre les errements du passé, toutes les colonies intertropicales finiraient par être abandonnées par les capitaux et les intelligences qui les ont créées ; des travaux considérables et de grandes richesses seraient perdus, la production coloniale détruite, et avec elle les nombreux intérêts maritimes et commerciaux qui s'y rattachent. Voyez ce que dit, sur cet important sujet, M. Jules Duval, dans son remarquable ouvrage sur les colonies de la France et particulièrement sur l'île Bourbon, pages 246-297, où il expose si nettement les causes qui ont développé la richesse extraordinaire de cette petite colonie et la décadence dont elle est menacée dans l'avenir, si elle ne parvient pas à réunir les éléments divisés de la population coloniale, et à remplacer les Indiens mobiles par des Africains stables qui s'attacheront au sol par le lien moral de la famille.

Les moyens pratiques pour obtenir un si grand résultat nous paraissent aussi simples qu'économiques. Par notre législation actuelle, l'État a seul le droit d'introduire des noirs africains dans nos colonies, et malgré certaines conventions qui pourraient servir de prétexte pour y mettre obstacle, il est certain que son droit est incontestable, chaque état étant maître de faire chez lui ce qui ne peut nuire aux autres. Nos stations navales, souvent inoccupées, pourraient être utilement employées à transporter les noirs préalablement choisis par des agents reconnus du gouvernement, établis sur les deux côtes orientale et occidentale d'Afrique. Par cette immigration volontaire, ces malheureux noirs deviendraien plus libres et plus heureux qu'ils ne le sont dans leur pays, où ils sont traités à peu près comme des animaux domestiques, et l'on arriverait ainsi à créer peu à peu une bonne population coloniale.

Les règlements coloniaux garantiraient aux travailleurs une case, un petit jardin, la nourriture d'usage et un traitement proportionnel à leur travail; les femmes et les enfants devraient être employés aux travaux les moins pénibles de la culture, au moins pendant la demi-journée. Tout porte à croire qu'après un temps d'épreuve les chefs de familles africaines deviendraient de bons travailleurs attachés au pays qui deviendrait le leur, et, par un ensemble de mesures bien combinées, la production coloniale serait parfaitement assurée.

Mais, pour mener à bonne fin un si utile projet, il est indispensable que l'Etat intervienne directement lui-même, et surtout qu'il se garde bien d'abandonner l'engagement des noirs à des traitants rapaces qui finiraient par les acheter et les vendre comme des esclaves, et de la marchandise dont ils feraient élever le prix, au grand préjudice des habitants des colonies auxquels ils feraient payer la cession des noirs aussi cher que la vente des esclaves, et comme ils l'ont déjà fait pour les engagés de diverses provenances. Pour qu'elle réussisse, l'immigration des noirs ne doit pas être une spéculation commerciale libre, et, dans l'état des choses, le gouvernement doit la diriger, ou du moins la surveiller avec le plus grand soin.

En étudiant tous les détails de ce projet, on trouvera non-seulement qu'il peut résoudre la question si importante du travail colonial, mais peut-être aussi celui de l'Algérie, parce qu'il pourrait lui donner à bon marché la main-d'œuvre qui lui manque, et, par la suite des temps, une nouvelle population neutraliserait celle des Arabes, qui est plus apte à faire des soldats que des colons.

Que l'État fasse donc étudier ce projet, et qu'il l'applique ensuite avec prudence en commençant d'abord par établir des institutions morales et religieuses, ainsi que des caisses d'épargne pour recevoir le dixième des salaires des travailleurs; les colonies deviendraient alors plus prospères que jamais en assurant le bien-être de tous. La richesse de leur production permet assurément d'atteindre ce résultat et de concilier les intérêts de toutes les classes de leur population, laquelle doit se confondre, par la suite des temps, avec celle de la mère patrie et finir par jouir des mêmes droits aussitôt qu'elle sera devenue apte à remplir les mêmes devoirs.

III. Subsistances. — Politique coloniale.

La culture de la Canne a fini par couvrir les deux tiers des terres les plus fertiles de la colonie. Le tiers restant, de qualité inférieure, est insuffisant pour assurer la subsistance de la population. Le pays, depuis très-longtemps, ne peut se nourrir par ses propres produits, et on importe à Bourbon, en moyenne et par an, 250,000 balles de Riz de divers points de la côte de l'Inde. On importe aussi du poisson et de la viande salée, du vin et de la farine de Blé, etc.; mais cette population ne consomme presque pas de pain, et le créole préfère le Riz et le Maïs. Nous ne nous occuperons, dans cet article, que de ces deux sortes de grains qui composent presque toute la nourriture de la population la plus nombreuse.

Nous allons démontrer que sa nourriture est insuffisante, et, pour n'être pas accusé d'exagération, les bases de nos calculs seront toujours estimées au minimum. Nous supposerons que le Riz et le Maïs sont également nutritifs, et, quant aux racines, Manioc, Patates et Pommes de terre, nous n'avons aucune donnée pour estimer, même approximativement, ce que la colonie produit de ces racines; nous ne pouvons donc les considérer que comme un supplément de nourriture, quoique ce soit assez souvent la seule pour beaucoup de malheureux. C'est déjà un indice de la misère du pays; ajoutez que les substances de toute nature ont beaucoup diminué lorsque la population a doublé depuis quarante ans! Comment cela se peut-il? Cela est pourtant, et ne peut s'expliquer que par la diminution de la ration des individus. Le temps est venu de réfléchir à cette haute question d'économie publique, la plus importante de toutes pour l'avenir du pays; jusqu'ici on a suppléé au manque de récoltes en vivant sur les capitaux ou en les empruntant, mais les capitaux s'épuisent vite, et il n'existe plus de crédit. Cependant les prix des denrées de consommation augmentent toujours, c'est un indice qu'elles deviennent de plus en plus rares; où arriverons-nous, si nous n'y prenons garde? N'est-il pas à craindre que la disette ne vienne frapper cette grande population relative, qui ne travaille pas à la production coloniale, et, avec la disette, toutes les calamités qu'elle entraîne nécessairement à sa suite?

On ne saurait trop le répéter, la population est trop nombreuse pour les ressources du pays, et cependant la main-d'œuvre manque, ou est insuffisante pour les travaux de la culture. Voilà le mal réel, que l'on y réfléchisse sérieusement, et l'on trouvera que nous avons mis la main sur la véritable plaie du pays; cette plaie provient, en partie, de l'émigration indienne, et il sera fort difficile, maintenant, d'y porter un remède efficace; il faudra, toutefois, en trouver un, avant que le mal qui nous menace ne s'aggrave au point de ne pouvoir être guéri que par le choléra, ou toute autre maladie épidémique qui emportera la plus grande partie de la population parasite qui veut vivre sans travailler, ce qui est radicalement impossible. C'est aussi évident que 2 plus 2 font 4, n'en déplaise aux démagogues incrédules qui sont aveuglés par de fausses idées économiques et politiques.

Ces idées sont fort tristes, mais ne nous faisons pas illusion, ce n'est pas un motif pour qu'elles ne soient pas exactes. Poursuivons notre démonstration sans aucune passion, et avec le calme nécessaire à la science, pour découvrir la vérité.

Pour qu'un engagé soit convenablement nourri, il faudrait que sa ration de Riz fût, comme autrefois, de 920 grammes; les malheurs du temps ont obligé de la réduire, en y suppléant un peu par des racines de Manioc; plusieurs habitants donnent encore 750 grammes de Riz ou de Maïs, selon les circonstances des prix relatifs, ou de la saison, mais le plus grand nombre des habitants ne peuvent donner actuellement, à leurs engagés, que 12 pintes de Riz par semaine, et la balle de 75 kilogrammes contient 190 pintes; faites le calcul, vous trouverez 670 grammes pour la ration de chaque jour, au lieu de 920 grammes que l'on donnait autrefois, c'est presque le tiers en moins, et l'on sera peut-être forcé de réduire encore cette ration.

Calculons celle qui est strictement et absolument nécessaire pour ne pas mourir de faim; supposons qu'on arrive à ne pouvoir donner qu'un demi-kilogramme, par jour, de Riz ou de Maïs, nous aurons, pour la consommation de la population totale, 100,000 kilogrammes par jour, et pour les 365 jours de l'année. . . . . 36,500,000 kilog.

La colonie, recevant, en moyenne, par an, de diverses provenances, 250,000 balles de Riz, pesant, l'une, 75 kilog., et ensemble. 18,750,000

Il faudrait donc que la colonie produisît en céréales. . . . . 17,750,000 kilog.

Nous ne tenons pas compte du grain qui nous vient de l'Inde, et qui coûte fort cher, parce qu'il est consommé par les animaux, ni des légumes secs que nous recevons de Madagascar, cet article étant fort peu important, relativement à la masse de la population.

Que produit actuellement la colonie en céréales? Le Froment et le Riz sont devenus des cultures à peu près insignifiantes, il n'y a guère que le Maïs et les racines pour combler le déficit. Or quelle est l'étendue qu'il faudrait cultiver en Maïs pour le combler? Calculons le rendement, comme si le borer n'existait pas, à raison de 2 kilogrammes par gaulette, en moyenne, ou à 842 kilogrammes par hectare, c'est encore au-dessus de la réalité ; eh bien, en divisant les 17,750,000 kilogrammes de grain qui nous manquent par 842 kilogrammes, nous trouvons qu'il faudrait cultiver 21,000 hectares en Maïs. Cette étendue est même dépassée dans ce moment; mais on ne cultive, en général, le Maïs que sur les mauvaises terres, les bonnes étant toujours réservées pour la Canne, et ces pauvres terres des hauts ne rendent guère plus de 1 kilogramme à la gaulette, car il faut tenir compte de la non-réussite des plantations et aussi de l'épuisement du sol, et, quant aux terres neuves, où le Maïs réussit toujours très-bien, à la seconde récolte, il ne vient presque plus sur les terres trop élevées.

Nous avons estimé l'étendue occupée par la culture de la Canne, en y comprenant les terres en repos ou en couverture (art. VIII ci-dessus), à 62,000 hectares; il faudrait donc que le restant de toutes les terres cultivables de la colonie fût à peu près couvert en Maïs, ce qui est impossible, attendu que la plus grande partie de ces terres hautes, étant fort légère, s'épuise très-vite, et ne paye même pas la moitié des frais de la culture. Nous tenons, en conséquence, pour impossible, que la colonie, — si l'on conserve la même étendue en Cannes, — produise, annuellement et en moyenne, les 18 millions de kilogrammes de Maïs qui sont nécessaires pour compléter la nourriture de la population, et nous n'avons pas compté les animaux qui consomment aussi un peu de grain pour retirer quelque profit de leur travail ou pour être bien vendus au marché.

Si nous estimons la valeur des céréales consommées, nous rouverons :

250,000 balles de Riz, au prix moyen de 25 fr. la balle (33 centim. le kilog.). ci.	6,250,000 fr.
17,750,000 kilog. de Maïs au prix ordinaire de 15 fr. les 50 kilog. (30 cent. le kilog.), ci.	5,325,000
Valeur des céréales consommées.	11,575,000

Equivalant à **23,150,000** kilogrammes de sucre à **25** fr. les 50 kilogrammes, prix de la colonie, pour la nourriture en céréales seulement! Et où trouverons-nous les autres frais de production avec les chétives récoltes actuelles en sucre (1)?

Si, pour compléter ces calculs, nous divisons les **11,575,000** fr. par les **200,000** âmes de la population, nous trouvons, pour chaque individu, **57** fr. **87** c. par an, et, pour la valeur de la ration de chaque jour, **0** fr. **158**. Ce chiffre, équivalant à **1/2** kilogramme de grain par jour, est évidemment trop faible; mais comment l'augmenter, puisque nous ne pouvons même pas espérer de l'obtenir avec les ressources de la colonie? Il faudra nécessairement faire venir de l'Inde plus de 250,000 balles de Riz, mais on peut se demander comment le pays pourra les payer. Il faut y penser d'avance.

Que l'on pose les données du problème des subsistances comme on voudra, on trouvera toujours que ce pauvre pays est dans une profonde misère, et que si les revenus n'augmentent pas bientôt, ou que l'on ne vienne pas à son secours par des institutions financières autres que celles qui existent, et qui puissent lui permettre d'emprunter à un faible intérêt, comme nous l'avons déjà dit (art. v), il ne pourra plus nourrir sa population. Tirez la conséquence de tous les malheurs qui peuvent surgir de cette situation.

La colonie emploie, dans ce moment, 60,000 travailleurs, dont chacun ne coûte pas moins, en moyenne, même dans les circonstances les plus favorables, de 37 fr. 50 c. par mois, ou 450 fr. par an.

---

(1) De 30 à 40 millions au plus.

60,000 travailleurs à ce prix font, par an. . . . . 27,000,000 fr.
Pour la main-d'œuvre de la culture seulement, ce qui, pour les cinq dernières années, donne un total de. . 135,000,000
Or les revenus bruts de cette triste période n'ont été, savoir :

1864.	23,000,000
1865.	22,000,000
1866.	26,000,000
1867.	20,000,000
1868.	15,500,000
Total des revenus des cinq dernières années.	106,500,000 fr.

Déficit en cinq ans, 28,500,000 fr.

ou **5,700,000** fr. en moyenne, par an, de déficit pour que le revenu brut paye la dépense de la main-d'œuvre seulement. Quel est le pays qui pourrait résister à une si grande cause de ruine ? Si l'on n'y prend garde, le système de culture et des engagés finira par épuiser et détruire la colonie.

Nous avons consulté plusieurs grands habitants qui ne nous ont pas paru trop s'inquiéter pour si peu de chose; ce sont toujours les mêmes espérances dans l'avenir, les mêmes illusions dans le présent. Ces habitants prétendent que beaucoup d'individus vivent de rien dans les bois; vivre de rien, c'est facile à dire et non à prouver. Ces malheureux noirs, que l'on dit vivre de rien, vivent de maraudage, c'est-à-dire de ce qu'ils volent pendant la nuit, et ils mangent plus souvent des poules qu'on ne le croit. Citons un seul exemple : Une bande de maraudeurs a volé, à Saint-Leu, dans une seule nuit, dans le même poulailler, quarante et une têtes de volailles qu'elle a fait cuire à la fois pour faire un festin; la même bande a volé une mule grasse, un cheval maigre et un âne, elle a aussitôt fort bien et dûment mangé ces trois animaux, dont on a trouvé les ossements dans le bois, en faisant la recherche de ces bêtes, que l'on croyait égarées. Après cet exemple et tant d'autres que nous pourrions citer sur la gloutonnerie des noirs, soutenez qu'il y en a un grand nombre qui vivent de rien ; ceux qui manquent du nécessaire prennent tout ce qu'ils trouvent sous leur main pour le dévorer : voilà le fait.

Ce petit article, que quelques habitants ne voudront pas comprendre malgré leur haute intelligence, devrait cependant leur ouvrir les yeux, et leur faire chercher les moyens de porter quelque remède au mal dont ils sont menacés pendant qu'il en est temps encore, au lieu de le perdre, ce temps si précieux, à des élucubrations politiques qui, quoi qu'ils en disent, ne donneront pas à manger à ceux qui ont faim. Si l'homme ne vit pas que de pain, il ne vit pas non plus que de liberté ; la liberté, quoique parfaitement bonne en elle-même lorsqu'elle est bien réglée, n'empêchera pas la maladie de la Canne, ni la misère qui affaisse la colonie. C'est d'économie publique, et surtout d'améliorations agricoles, que les esprits sérieux doivent se préoccuper pour servir utilement leur pays, tout en faisant les plus grands efforts pour réunir les esprits, au lieu de les diviser par des passions politiques désordonnées. Il faut calmer les passions au lieu de les exciter au désordre ; voilà un bon conseil, malheureusement plus facile à donner qu'à suivre.

Les mauvais gouvernements provoquent la division des partis, et l'on attribue à Machiavel ce mot : *diviser pour régner ;* les bons gouvernements font, au contraire, tout ce qu'ils peuvent pour les réunir et les accorder, ce qui ne les empêche pas, cependant, de profiter des divisions pour restreindre les libertés publiques et gouverner plus facilement. Mettez-vous à leur place, à laquelle tant d'ambitions aspirent, et, lorsqu'elles y sont arrivées, n'importe comment, elles font comme leurs prédécesseurs, lorsqu'ellés ne font pas pis encore ; toutes les révolutions en sont là, toutes promettent la liberté, et toutes la restreignent tant qu'elles peuvent. Il y a seulement une limite en dehors de laquelle le thermomètre du mécontentement public se manifeste, et alors l'esprit révolutionnaire commence à lever audacieusement la tête. Nous sommes précisément dans cette situation, en France, sont aveugles ceux qui ne le voient pas (1868).

Si cent individus, les plus éclairés de cette petite colonie, savaient s'accorder, ils obtiendraient bien facilement de la métropole le droit d'élire directement les membres du conseil général ou colonial, et les conseillers municipaux. Mais les hommes uniquement politiques ne voient pas souvent plus loin que le bout de leur nez, et leurs prétentions sont d'autant plus étendues que leur vue est plus courte ; ce sont des espèces de myopes qui ne s'aperçoivent pas qu'en *se divisant en partis ils s'affaiblissent*, et que le gouvernement profite de leur désaccord, en refusant de leur accorder des libertés, dans la crainte qu'ils ne s'en servent pour troubler l'ordre public.

Lorsque les hommes intelligents de ce pays se mettront d'accord, le gouvernement de la métropole s'empressera de leur donner toutes les libertés légitimes et nécessaires. Commençons donc par rétablir la paix et l'union, et l'on arrivera bien vite à obtenir les deux points les plus importants, à savoir : *l'administration intérieure du pays par le pays*, et *la protection générale et extérieure par le gouvernement métropolitain.* — Voilà toute la politique coloniale résumée en quelques mots; ceux qui veulent autre chose et forcer la main au gouvernement sont des fous; ils n'obtiendront rien par la violence, ils obtiendront tout ce qu'ils désirent par la conciliation.

Nous n'avions pas l'intention de nous occuper de politique dans ce mémoire spécialement agricole, mais un événement auquel nous étions loin de nous attendre, une insurrection contre le pouvoir et les lois dont l'attaque a été aussi faible que la répression a été indécise, nous fait un devoir de dire quelque chose de l'opinion publique de ce pays. Du reste, la politique se mêle ou s'insinue aujourd'hui à toutes les questions, et cette petite colonie, qui n'est autre que la 230e partie de la France par son étendue et la 185e partie par sa population, se donne les airs d'imiter sa métropole par ses journaux et son esprit d'opposition ridicule dans le présent, mais qui pourrait devenir dangereux dans l'avenir. Son éducation politique n'est pas encore faite, tant s'en faut, mais elle se fait, et Dieu sait ce que deviendra une population qui réclame des droits qu'elle ne comprend pas, et qui ignore les devoirs les plus élémentaires que la loi impose nécessairement à tous les citoyens.

Cependant, comme l'a fort bien dit M. Gladstone à l'occasion des colonies anglaises, « il est impossible de gouver-
« ner nos colonies comme on le faisait autrefois ; tout ce
« qui s'y passe, tout ce que font leurs gouverneurs est aussi
« répandu, aussi discuté, aussi critiqué que si cela se pas-
« sait à côté de nous. Au degré où sont parvenues aujour-
« d'hui la publicité et la responsabilité, à quelque distance
« que se passent les faits, il faut que les colonies se gou-
« vernent *à peu près* elles-mêmes, et que la métropole n'ait
« pas à répondre tous les jours, à toute heure, de tout leur
« gouvernement. Ce sera un régime colonial nouveau à
« établir ; mais où ne faut-il pas du nouveau aujour-
« d'hui ? »

Telle est l'opinion du futur ministre de l'Angleterre; nous verrons bien s'il trouvera toujours du nouveau pour gouverner, ou plutôt si son esprit souple et délié ne fera pas croire à des moyens nouveaux qui seront simplement rajeunis par la forme, car, en fait de gouvernement, rien n'est nouveau sous le soleil, si ce n'est la liberté illimitée que quelques publicistes ont rêvée ; mais l'Angleterre ne peut pas vouloir de cette liberté, elle a la bonne, elle la conservera et n'en veut pas d'autre. Les colonies anglaises ont pris une si grande extension que le gouvernement métropolitain ne peut plus les garder comme autrefois ; il désire qu'elles administrent elles-mêmes leurs affaires intérieures, en se réservant seulement la protection et les affaires extérieures. L'Angleterre peut accorder toute liberté à ses grandes colonies sans danger, parce que la plupart sont déjà bien organisées et qu'elles peuvent se suffire à elles-mêmes.

En est-il de même pour nos petites colonies françaises, et particulièrement pour l'île de la Réunion ? Il est assurément bien permis d'en douter ; cependant il y a quelque chose à faire, et il faut le faire au plus vite, car il est difficile et il pourrait devenir dangereux de continuer d'administrer cette colonie avec les mêmes errements du passé.

Les événements arrivés à Saint-Denis, du 30 novembre au 3 décembre, à l'occasion de discussions entre deux journaux, l'un religieux, l'autre antireligieux, ont montré que la question n'était nullement religieuse, mais uniquement politique. Un parti s'est réuni dans le local de l'association ouvrière, qui s'est ainsi trouvée composée de plus de 1,500 individus de toutes couleurs. Cette assemblée ne discute pas, elle décide sur la proposition d'un membre que quatre demandes seront adressées par le chef de l'opposition à M. le gouverneur, demandes tout à fait contraires aux lois existantes, et que le gouverneur n'avait assurément pas le pouvoir d'accorder.

Les événements se sont compliqués, et, après quatre jours consécutifs de troubles, il a fallu sévir contre les émeutiers, et il y a eu des victimes. On n'avait jamais vu d'émeutes dans cette colonie. Heureusement que le Riz et le Maïs sont à très-bon marché dans ce moment, mais ce bas prix n'est que passager, car une baisse dans les grains amène toujours une hausse, et les habitants ne sont pas sans inquiétude sur l'avenir.

Avant ces tristes événements, nous avions écrit un article sur l'extension des libertés publiques qu'il serait convenable d'accorder à cette colonie; mais, dans les circonstances actuelles, nous pensons qu'il est prudent de ne rien publier à ce sujet; le gouvernement de la métropole avisera, il suffit qu'il soit bien renseigné sur l'état de l'opinion publique de ce pays.

Le droit électoral est ancien dans la colonie, puisque, avant la révolution de 89, les notables des communes élisaient directement eux-mêmes les échevins ou conseillers municipaux. La révolution et l'empire suspendirent ce droit pendant longtemps ; il fut enfin rétabli après la révolution de

1830, et même appliqué à l'élection des membres du conseil colonial, lequel fut encore supprimé, puis remplacé par un conseil général choisi partie par le gouvernement et partie par les conseillers municipaux nommés eux-mêmes par le gouvernement. Telle fut la législation du second empire réglée par des sénatus-consultes sur la matière.

Le moment nous paraît bon pour revenir à l'ancien état politique de la colonie ; nous souhaitons que la nouvelle loi soit appliquée de manière à éviter le désordre dans les élections. Qu'on me permette de dire ici comment je comprendrais l'organisation de la loi électorale et de la situation politique.

D'après les détails dans lesquels nous sommes entré dans l'appendice I, sur les diverses races qui composent la population de mœurs si diverses, on comprend qu'il est presque impossible qu'elles puissent toutes s'entendre entre elles. La force des choses oblige à distinguer la population stable qui seule comprend la nécessité de l'ordre et la population des immigrants, ainsi que celle des engagés de toutes les catégories qui ignorent entièrement nos lois et notre civilisation. Il faut arriver graduellement à former un corps électoral composé de membres remplissant certaines conditions déterminées par la loi. Les conseils municipaux, et, en dernier ressort, les juges de paix, appliqueront la loi en désignant les citoyens qui devront faire partie de ce corps.

Tout le monde ici, à quelques exceptions près, désire l'extension des libertés publiques et le droit de nommer directement les membres du conseil général ou colonial, ainsi que les conseillers municipaux par l'élection, le président du conseil général, les maires des communes et tous les agents supérieurs et inférieurs de l'administration, étant nommés par le gouvernement, sans cela son pouvoir serait trop affaibli et sans cesse tiraillé par les conseils délibérants, ce qui paralyserait la marche régulière des affaires. Les hommes sages et modérés sont de cet avis, tout en désirant une loi électorale plus large, bien qu'ils reconnaissent que le gouvernement fait les meilleurs choix, car il ne peut choisir que dans un nombre assez restreint de capacités, et, par conséquent, ne peut guère se tromper. Cependant, la population éclairée, quoique satisfaite des hommes choisis, ne l'est pas du principe et désire élire directement les représentants de ses intérêts elle-même.

Les habitants sont cependant fort loin d'être d'accord sur les questions politiques, ici comme partout la tour de la Babel moderne s'élève; les uns demandent le vote universel comme en France, les autres le vote restreint et le cens contribuable; il nous semble que dans les circonstances actuelles les uns et les autres se font illusion et se trompent. Comment appliquer le vote universel aux travailleurs, qui n'ont pas la plus légère idée des droits politiques, que bien certainement ils ne songeraient pas à réclamer d'eux-mêmes? Le résultat d'une telle loi pourrait être l'inverse de celui que s'en promettent ses plus ardents promoteurs; le vote universel a été sauveur pour la France, il serait désastreux pour la colonie. Quant au vote restreint, il deviendrait la proie du parti, non le plus nombreux, mais du plus remuant, et les élections mettraient le pays en ébullition. Rien n'est difficile à faire comme une loi électorale applicable aux mœurs d'une population donnée. Nous voudrions que tous les individus qui ont le sens commun fussent électeurs et ne se laissassent pas séduire ou intimider par les meneurs des partis : voilà la grande difficulté qu'il est impossible de surmonter entièrement ; on ne peut que la contourner.

On nous accordera au moins qu'un électeur, dans un pays français, doit être Français ou naturalisé, et que les immigrants qui n'ont pas obtenu cette qualité ne peuvent être électeurs. Le moyen le plus sûr et le plus régulier serait de dresser des listes électorales dans chaque commune, et nul ne pourrait y être inscrit s'il ne remplissait pas les conditions suivantes :

1° Être domicilié dans la commune où l'on doit voter depuis six mois, être âgé de 21 ans accomplis, jouir de tous les droits civils et n'avoir subi aucune condamnation infamante ;

2° Être inscrit au rôle des contributions directes de la colonie, n'importe pour quelle somme ;

3° Les professions libérales, les prêtres, les professeurs, les régisseurs des habitations seraient électeurs de droit, lors même qu'ils ne payeraient aucun impôt direct.

On pourrait peut-être exiger une quatrième condition, ce serait de savoir lire et écrire, attendu qu'il y a assez d'écoles gratuites dans la colonie pour qu'elle puisse être remplie.

Les listes électorales seraient revisées, tous les quatre ans, par les soins des maires, conformément à la loi, et les réclamations d'inscription seraient portées devant le juge de paix du canton.

Les électeurs éliraient, dans chaque commune de leur résidence, les conseillers municipaux et les membres du conseil général de la colonie représentant la commune.

Chaque électeur serait éligible à l'âge de 30 ans, et chaque élu entièrement libre de son vote, sans qu'il tienne aucun compte des mandats impératifs qui lui seraient donnés par les électeurs.

Cette loi libérale nous paraît pouvoir être appliquée à cette colonie sans aucun danger, et satisfaire les désirs de la population éclairée, et les personnes qui demanderaient une plus grande extension des droits électoraux, avec les mœurs actuelles, ne nous paraissent pas bien apprécier la situation. Que ces ultra-libéraux instruisent, et surtout moralisent d'abord les noirs de toutes les races de leurs devoirs sociaux, et on leur accordera ensuite tous les droits politiques.

Voilà ce qui peut être accepté en ce qui concerne les droits électoraux, mais nous ne devons pas passer sous silence les désirs d'une troisième catégorie d'habitants qui voudraient que la colonie fût assimilée à la France et envoyât un député au corps législatif. Ces habitants n'ont pas songé que plusieurs lois françaises qui ne sont pas promulguées dans la colonie, et particulièrement la loi de la conscription militaire, devraient y être appliquées. Ce ne serait pas, dans notre opinion, un inconvénient, du moins quant à la conscription; nous pensons même que, dans la situation de ce pays, ce serait un grand avantage pour les douze mille petits blancs créoles, et pour les fils des anciens esclaves encore plus nombreux qui mènent le même genre de vie dans les bois; les uns et les autres méritent que l'on s'occupe d'eux avec sollicitude, surtout dans l'avenir. Qu'a-t-on fait pour leur venir en aide jusqu'à présent? absolument rien. Il y a pourtant quelque chose à faire, si l'on veut éviter qu'ils ne finissent par dévaster entièrement le pays.

Après y avoir longtemps réfléchi, nous avons pensé que, pour civiliser les petits créoles blancs et noirs qui vivent misérablement aujourd'hui dans les bois, il faudrait commencer par les soumettre à la loi de la conscription militaire en les enrégimentant dans l'infanterie de marine, et quelques-uns, à leur choix, comme marins sur les bâtiments de l'Etat.

On les enverrait, bien entendu, tenir garnison dans les autres colonies, et jamais à la Réunion, où ils seraient invinciblement déserteurs. Soumettre les petits créoles à la conscription entraînerait nécessairement l'application de la nouvelle loi militaire de la France à toutes les classes de la population des colonies françaises, et ce surcroît de recrutement allégerait d'autant celui de la mère patrie, ce qui serait assurément une grande considération. La milice coloniale deviendrait la garde nationale, et l'infanterie de marine, spécialement recrutée dans les colonies, en formerait les garnisons; chaque régiment serait composé de soldats de toutes les colonies, en évitant de ne les faire servir dans leur propre pays qu'après avoir fini leur temps de service; alors, seulement, ils pourraient y revenir pour l'achever dans la garde nationale, à moins qu'ils ne préférassent rester dans la colonie où ils auraient tenu garnison pendant cinq ans. Ce projet de loi, que nous ne faisons qu'indiquer, présente de nombreux avantages pour les colonies elles-mêmes et pour la métropole. Ce serait un commencement d'assimilation que quelques personnes désirent et qui ne paraît pas devoir se réaliser encore ; le service militaire obligatoire hâterait sa venue; car, sans la conscription, on ne peut raisonnablement espérer de l'obtenir du gouvernement.

On ne voit pas, en vérité, pourquoi les habitants des colonies ne servent pas la patrie comme tous les autres Français; c'est une gloire dont on les prive, et leur service dans la milice coloniale ne saurait en tenir lieu, la milice n'étant pas l'armée française. Ce service de la milice est, d'ailleurs, trop exigeant, parce qu'il est obligatoire jusqu'à l'âge de soixante ans, ce qui est absurde, et il en résulte qu'on s'en fait dispenser à tout âge, tandis qu'en France on ne peut se dispenser du service militaire qu'en mettant un remplaçant à sa place. Les petits blancs et les noirs pauvres trouveraient une ressource pour leur avenir en servant de remplaçants, et ceux qui auraient de l'instruction deviendraient officiers de l'armée française, et pourraient conquérir, par la suite, une position honorable. Tous les créoles qui ont servi se sont distingués et sont parvenus, et il est assurément regrettable que leur nombre n'ait pas été plus grand.

Si vous n'avez pas de fortune, soyez soldat; cela vous vaudra mille fois mieux que vous ne pourriez le croire, et sera toujours préférable que de servir dans les administrations civiles, où il ne peut y avoir des places pour tous. Les jeunes gens qui ont l'ambition de parvenir doivent, à notre époque, choisir entre trois professions, militaire, prêtre, agriculteur; toutes les autres carrières sont remplies, et, à moins de talents extraordinaires, on n'y réussit pas, et l'on passe sa vie bien péniblement. En ne sachant jamais bien ce que l'on doit faire, on arrive, sans y faire attention, à ne rien faire du tout, et par être à charge à sa famille, au lieu de lui venir en aide.

Le recrutement militaire, appliqué aux populations coloniales, ferait voyager beaucoup de jeunes gens qui reviendraient plus tard montrer qu'ils savent obéir et commander, deux qualités essentielles qui manquent à un assez grand nombre. Déjà ceux qui ont profité d'une instruction primaire gratuite à la Réunion ne trouvent plus à s'employer utilement dans leur pays, et ce sera de plus en plus difficile dans l'avenir. Les jeunes gens ayant une demi-instruction, ils sont en grande majorité, devront, nécessairement et par la seule force des choses, ou devenir cultivateurs, ou s'expatrier pour aller porter la civilisation à Madagascar et sur les côtes d'Afrique; cela est inévitable, pour qu'ils n'augmentent pas le nombre des petits créoles des bois. Et, comme nous l'avons déjà dit, il est peut-être dans les vues de la Providence d'employer ce moyen pour améliorer le sort des malheureuses races africaines, victimes du plus abrutissant despotisme; et, pour bien réussir dans une si noble mission, il faut être prêtre, soldat et cultivateur.

Quel que soit le système qui sera adopté dans une nouvelle organisation des colonies, rien ne devrait encore être changé aux lois qui régissent leurs rapports actuels avec leurs métropoles. On devrait se borner, pour le moment, à leur accorder la loi électorale sur les bases que nous venons sommairement d'indiquer, et à donner peu à peu une plus grande extension à l'administration intérieure du *pays par le pays*. Les autres demandes que l'on pourrait faire au gouvernement ne pourraient être admises, du moins de fort longtemps; soyons raisonnables et ne nous laissons plus dominer par une infime minorité qui n'a aucune chance de conquérir le pouvoir, et moins encore de le conserver plus de deux mois, si elle s'en emparait par surprise. Il faut plaindre ces incorrigibles de ne pas le comprendre et les arrêter avec vigueur dans leurs folles entreprises.

IV. Influence des bois sur la régularité du climat et l'amélioration du sol.

On a osé nier l'influence des bois pour la conservation du sol et du climat; cependant l'observation des faits et les conséquences naturelles que l'on peut raisonnablement en tirer démontrent la nécessité de les conserver dans une certaine limite là où ils existent encore, et de les rétablir dans les pays où ils ont été entièrement abattus. Nous allons exposer quelques considérations sur un sujet d'un si haut intérêt public.

Les arbres qui couvraient autrefois les sommets des coteaux et les pieds des montagnes n'y avaient pas été placés par le Créateur uniquement pour l'ornement du pays, mais bien plutôt pour soutirer de l'atmosphère et les transmettre à la terre tous les fluides nécessaires à sa fertilisation. Les arbres sont les conservateurs naturels de la fertilité du sol, ils produisent des masses incalculables de carbone et d'humus indispensables à la végétation de toutes les plantes cultivées, et ils vivent principalement des éléments contenus dans le sous-sol et dans l'air, où ils puisent la plus grande partie de leur nourriture ; ils enrichissent le sol par leur détritus, tandis que le plus grand nombre de plantes l'épuisent, surtout les céréales et les légumineuses, qui se lassent bien vite de prospérer sur le même terrain.

La surface incommensurable de feuilles des arbres que le moindre air de vent agite sans cesse augmente considérablement l'évaporation et régularise l'eau qui tombe sur la terre (1). Il pleut, en effet, plus souvent sur un pays boisé,

(1) Un auteur allemand, M. Wessely, a prouvé, par des expériences directes, que la vaporisation d'une nappe d'eau étant un, la vaporisation pour une même surface couverte de bois est d'un et demi. Nous avons trouvé un rapport plus élevé, mais il faut bien se rendre compte de ce qui se passe dans la vaporisation de l'eau : 1° dans un vase; 2° sur le sol cultivé; 3° dans une forêt. Dans un vase elle est considérable et plus grande que l'eau météorique tombée comme nous l'avons expliqué ailleurs; sur le sol cultivé une partie, environ les 3/7, s'infiltre dans le sous-sol, ou coule à la surface pour alimenter les sources, les ruisseaux et les rivières; sur le sol couvert d'une forêt assez étendue, la vaporisation et les infiltrations sont, en même temps, les plus considérables, par la raison qu'il pleut beaucoup plus souvent que sur le sol dénudé et sans abri, et que les arbres attirent sans cesse l'humidité de l'air atmosphérique, même

et, par cela même, il y tombe plus rarement de ces pluies diluviennes qui dégradent le sol en l'entraînant des hauteurs dans les vallées, qu'elles couvrent quelquefois de débris de rochers et de cailloux roulés. Tel est le résultat certain produit par les forêts, et non l'augmentation de la pluie annuelle d'une contrée qui provient de son degré de latitude, c'est-à-dire de sa chaleur moyenne combinée avec les vents régnants.

Il est de fait que les terrains couverts de bois sont plus frais que ceux qui sont entièrement découverts; les arbres attirent donc l'humidité de l'atmosphère et l'évaporent sans cesse, tout en retenant une grande quantité d'eau dans les tissus de leurs organes et dans le terrain où ils végètent. Les forêts augmentent considérablement l'hydroscopicité de la terre en la chargeant d'une énorme masse d'eau presque aussi grande que la moitié de son volume, et ne considérant la couche que sur 1 mètre seulement d'épaisseur, elle retiendrait en moyenne 4 à 5,000 mètres cubes par hectare, ou près de la moitié de toute celle qui tombe dans l'année, dans les pays tempérés.

Cette eau ne reste jamais stationnaire, les organes des arbres agissent sur elle, comme une infinité de pompes aspirantes et foulantes; une partie s'infiltre lentement dans les couches inférieures du sous-sol, pour former les sources, tandis que l'autre partie s'évapore dans l'air pour revenir ensuite dans le sein de la terre; c'est une chaîne sans fin de vapeurs descendantes et ascendantes : or, toutes les circonstances atmosphériques étant les mêmes, plus un pays est boisé, plus les surfaces aspirantes et évaporantes sont grandes, et, par conséquent, plus l'évaporation est considérable. En effet, une grande masse de vapeurs ne peut rester longtemps en suspension dans l'atmosphère, sans se

---

à l'état de vapeur. La vaporisation est donc très-considérable, parce que l'humidité du sol couvert de bois est continue et, par conséquent, le maxima d'humidité et de ventilation produit le maximum de vaporisation.

condenser et tomber sur la terre ; les pluies sont donc plus fréquentes, elles tombent plus uniformément et plus également, au grand avantage de la végétation des plantes cultivées.

C'est ainsi que les pluies revenant à de plus courts intervalles, les vapeurs s'accumulent moins dans l'atmosphère, qui, si l'on peut s'exprimer ainsi, est plus souvent vidée et plus souvent remplie des vapeurs qui produisent la pluie, et, dès lors, les avalaisons diluviennes sont nécessairement plus rares.

Et réciproquement, plus un pays est déboisé, plus il est sec, et, toutes les circonstances atmosphériques étant d'ailleurs les mêmes, moins l'évaporation est grande, puisque les surfaces évaporantes sont considérablement moindres ; il en résulte encore que les sources sont plus rares et moins abondantes en volume, et qu'elles tarissent plus souvent, et cet effet peut être particulièrement remarqué dans les contrées déboisées.

Les pluies tombent donc avec d'autant plus de violence qu'elles sont plus rares, et plus elles sont rares, plus le climat est sec; aussi les observations directes démontrent que les climats humides du Nord, si favorables à la culture des plantes fourragères, ne sont pas ceux où il tombe la plus grande quantité d'eau dans l'année, mais bien ceux où elle est le plus uniformément répartie, c'est-à-dire où il pleut le plus souvent, tandis que, dans les climats secs du Midi, c'est justement le contraire qui a lieu : il y tombe une plus grande épaisseur d'eau dans l'année, mais elle est très-inégalement répartie; les pluies y sont beaucoup moins fréquentes que dans le Nord, et il en résulte trop souvent des avalaisons diluviennes qui dégradent le sol découvert et sans abri.

Le boisement du sol est donc plus nécessaire dans les climats secs du Midi que dans ceux du Nord et, par une imprévoyance inqualifiable du fait de l'homme, ce sont précisément les magnifiques contrées méridionales qui ont été le plus déboisées.

En France, on peut citer toute la partie nord du département de la Haute-Garonne et, généralement, tout le midi, les clôtures et les bois augmentant à mesure que l'on se rapproche de l'Océan, et diminuant, au contraire, beaucoup à mesure que l'on se rapproche de la Méditerranée.

En Europe, on peut citer l'exemple si remarquable de l'Espagne, qui est entièrement déboisée, tandis que la verte Erin et l'Angleterre, où il n'existe pas de forêts proprement dites, ont tous leurs champs encadrés de riantes clôtures entremêlées d'arbres de toutes sortes qui, à la vue, produisent à peu près le même effet que si le pays était couvert de bois. Dans toutes les parties du monde, excepté peut-être en Angleterre, ce sont toujours les contrées les plus peuplées que la hache ou plutôt le feu ont déboisées; c'est particulièrement ce qui arrive dans toutes les îles qui produisent de riches denrées d'exportation. Partout on a voulu satisfaire à tout prix les besoins du moment, sans se mettre en peine de ceux de l'avenir; nos pères ont fait comme le vieux Saturne : en dévorant la fertilité du sol, ils ont dévoré leurs enfants.

Ces faits présentent de graves enseignements, qui ne devraient pas être perdus pour des populations intelligentes; tous les bons esprits doivent aujourd'hui reconnaître que les montagnes et les forêts, que la Providence avait si bien placées sur leurs contre-forts, sont les véritables mamelles de la végétation des vallées et des plaines. Cette remarque est surtout évidente pour ceux qui ont beaucoup voyagé et qui savent observer en comparant les pays qui n'ont pas encore été complétement déboisés avec ceux dont les bois ont été détruits depuis longtemps.

Les principes que nous venons d'exposer peuvent parfaitement s'appliquer à tous les départements du midi; et que l'on ne vienne pas nous accuser de vouloir rétablir les forêts partout comme elles existaient autrefois, nous pensons, au contraire, qu'il faut défricher toutes celles qui sont dépérissantes et qui occupent les plaines et les terrains très-fertiles, mais à la condition expresse de les remplacer par de nouvelles plantations sur les pauvres terres des coteaux, qui ne font que payer les frais de la culture, sans laisser aucun bénéfice au cultivateur. C'est une espèce d'alternance à long terme que nous proposons, pour reconstituer les terres appauvries par une culture trop épuisante. Ces terres pauvres sont beaucoup plus étendues qu'on ne le pense, et, dans le plus grand nombre de nos départements, on en trouve toujours qui sont à peu près incultes et qui ne sont réellement propres qu'à être ensemencées en bois pour en retirer un produit assuré. On ne se méprendra donc pas sur notre pensée et l'on ne dira pas que nous faisons de la poésie bucolique, lorsque nous faisons, au contraire, de la bonne économie agricole. Et, nous le répétons avec intention, nous conseillons simplement de clore tous les champs de 3 à 4 hectares par des haies vives entremêlées d'arbres, comme cela existe en Angleterre, et de boiser seulement les flancs exposés au nord des coteaux très en pente et dont le sol est épuisé ou peu fertile de sa nature. Que l'on se représente maintenant ce que deviendraient les plaines de Toulouse et de l'Ariége, par exemple, si elles étaient seulement boisées comme l'est celle de Revel. Que les personnes qui connaissent l'Angleterre veuillent bien se rappeler la vue si fraîche et si gracieusement verdoyante qu'ils ont admirée de la terrasse du Palais de cristal ! Et qu'ils nous disent, en vérité, si notre pays, déjà si beau par lui-même, n'a pas tout à gagner à se parer d'une semblable verdure, qui doublerait et sa magnificence et sa richesse. Nier ces faits pratiques de tous les temps et de tous les lieux serait nier l'évidence, et nous serions véritablement heureux que ces principes, aussi salutaires que conservateurs, eussent de l'écho dans notre cher pays.

V. Reboisement de l'île Bourbon.

Les principes que nous avons exposés dans l'appendice IV sont particulièrement applicables à l'île Bourbon, qui a été beaucoup trop déboisée et dont les arbres nécessaires aux constructions sont devenus très-rares. Nous venons de visiter les forêts de cette intéressante colonie jusqu'à une hauteur de plus de 1,200 mètres au-dessus de la mer, et, ce qui nous a le plus étonné, c'est de les trouver exactement dans le même état où elles étaient il y a trente ans; les arbres ne se sont accrus, dans cette période de temps, ni en grosseur ni en hauteur.

Ce fait fort remarquable tient, il est vrai, à ce que l'essence la plus répandue au vent de l'île, celle qu'on appelle bois de gaulette, et quelques autres petites espèces, n'atteignent jamais que de très-faibles dimensions. Il conviendrait de couper ces petits bois aussitôt qu'ils ont atteint leur croissance naturelle, et il serait d'une bonne économie de les vendre, et, mieux encore, de les employer au chauffage des machines à vapeur, ce qui permettrait de laisser pourrir la paille des Cannes sur les champs et maintiendrait d'autant leur fertilité. On peut donc retirer un plus grand revenu qu'on ne le croit de ces bois dépérissants, dans l'avenir.

Ces petites espèces de bois seraient régulièrement exploitées comme des taillis; on ensemencerait les places vides en glands de Chêne, par poquets équidistants, le climat convenant parfaitement à cette essence depuis 400 mètres jusqu'à 1,200 mètres au-dessus de la mer. On peut voir un Chêne déjà fort beau à la rivière des Pluies, à la hauteur de 400 mètres, qui a été semé il y a quarante ans; ses dimensions sont au moins aussi grandes que celles des Chênes du même âge en France, et l'on peut faire la même remarque au brûlé de Saint-Denis.

Cette substitution graduelle du bois de gaulette par du bois de Chêne produirait, dans l'avenir, des arbres de haute futaie qui auraient une grande valeur, et l'entretien des jeunes plantations se bornerait à ne laisser qu'un seul brin à chaque touffe, ce qui n'exigerait qu'une très-faible dépense de main-d'œuvre.

On pourrait, d'ailleurs, essayer de repeupler les bois de la colonie par d'autres essences que le Chêne, telles que celles dont l'Australie peut nous fournir un grand nombre, et l'on pourrait encore tenter d'introduire le Teck de l'Inde (*Tectona*), qui, s'il réussissait, serait l'essence la plus précieuse, à cause de l'excellence de son bois, facile à travailler et d'une très-longue durée.

Nous avons trouvé les forêts, au vent comme sous le vent de l'île, dans un état déplorable ; les bois qui abritaient le sol, il y a un siècle, ont, à peu près partout, disparu; on ne voit, à leur place, que des broussailles, des arbustes et des arbres fougères élégants (*Cyrtea excelsa*) ; les bois de gaulettes (*Diospyros meladina*) sont même devenus rares dans quelques parties sous le vent de l'île. On trouve néanmoins encore, en cherchant bien, quelques arbres propres aux constructions, mais ils sont éloignés les uns des autres et placés sur les flancs des ravins, d'où leur exploitation est fort difficile et, par conséquent, dispendieuse.

Parmi les essences les plus communes, on peut citer l'Ecorce blanche ou Bois de bassin (*Blackwellia planiculata*), le Tan rouge (*Weinmannia macrostachya*), le Bois de fer (*Sidernoxylon Borbonicum*), le Tamarinier des hauts (*Acacia heterophylla*), qui végète à 1,400 mètres d'altitude et qui est utilement employé aux constructions et même à la menuiserie de bâtiment. Parmi ces arbres isolés, nous n'avons pas rencontré de beaux Takamakas d'autrefois (*Colophyllum spurium*), que l'on creusait pour faire des pirogues primitives; les grands et les petits Nattes (*Imbricaria maxima* et *petiolaris*) sont également devenus fort rares, excepté à Saint-Philippe et surtout dans les réserves du domaine, qu'il est très-important de bien faire surveiller.

Les arbres, à 1,200 mètres d'altitude, sont généralement

creux ou morts sur place, faute d'avoir été coupés à l'époque de leur maturité : c'est le désordre et l'imprévoyance qui aboutissent toujours à la ruine.

Il n'y a jamais eu d'aménagement régulier dans ces forêts primitives, jamais de coupes réglées; on a toujours coupé arbre par arbre de l'essence et des dimensions exigées selon le besoin du moment; on coupait et l'on coupe encore un jeune arbre de belle venue pour en faire un chevron de 4 pouces et le vendre 2 ou 3 francs, et personne n'a encore eu la bonne pensée de remplacer les arbres au fur et à mesure que les besoins obligeaient de les abattre. C'est ainsi que la dévastation entière des magnifiques forêts a été consommée depuis moins d'un siècle. L'homme civilisé a fait ici comme le sauvage : il a coupé l'arbre pour avoir le fruit.

Dans toutes les parties de l'île, il faut reboiser avec diverses essences, selon les situations et les altitudes. Il est devenu absolument nécessaire de rétablir peu à peu les forêts sur toutes les hauteurs incultivables de l'île, et même sur les terres infertiles des bords de la mer, particulièrement dans la partie sous le vent, soit par le Cocotier, soit par le Filao (*Casuarina*), dont il existe une dizaine de variétés, et celle de l'Inde est la moins élégante pour former des avenues d'alignement et ne vient bien qu'en massifs.

Le plus urgent serait de commencer par planter des arbres de ligne à fortes racines sur les bornes latérales des habitations et sur les bords des chemins d'exploitation, qui serviraient de paravents. On peut défricher les bois dépérissants sur la lisière des forêts, et, pour diminuer les frais de défrichement, y cultiver quelquefois la Canne, mais le plus souvent l'Avoine, le Maïs, et diverses sortes de Haricots. On reboiserait ensuite graduellement de proche en proche, en descendant ou en montant, soit en semant, soit en plantant, selon les essences. Les Chênes devront être semés en paquets toujours par lignes horizontales comme la Canne; les trous seront seulement de 10 à 12 centimètres, et la semence recouverte et légèrement pressée avec le pied. La semaille devra être fait au commencement de la saison des pluies.

Les diverses espèces d'arbres d'Australie, dont plusieurs sont déjà introduites dans la colonie, seront d'abord semées dans des pots, puis mises en pépinière dans un carreau de jardin, et enfin plantées sur place. C'est de cette manière que M. de Châteauvieux, maire de Saint-Leu, cultive avec succès un grand nombre de plantes d'Australie qu'il a introduites, et particulièrement l'*Eucalyptus* de plusieurs variétés, dont la croissance rapide atteint une très-grande hauteur. Il faut toujours préférer les essences nouvelles à la colonie pour le reboisement, et surtout celles de l'hémisphère sud, qui n'ont pas à lutter contre le renversement des saisons, qui empêche souvent l'acclimatation d'un grand nombre de plantes. C'est pourquoi on peut espérer que les arbres d'Australie végéteront bien à l'île Bourbon, parce qu'ils s'y trouveront dans des conditions de climat et d'altitude analogues à celles de leur pays de provenance.

M. de Châteauvieux cultive aussi avec un grand succès l'arbuste à Thé (*Thea Bohea*), et l'arbre dont l'écorce donne le Quinquina (*Chinchona*) ; ces deux végétaux viennent à 1,200 et 1,400 mètres d'altitude. Cet habitant, si dévoué à l'intérêt public, arrivera peu à peu, avec la seule aide du temps et sans de grandes dépenses, à reboiser son habitation. Puisse le bon exemple qu'il donne être compris et étendu sur la plus grande partie de notre île! Il en résultera nécessairement que le climat, qui est devenu trop sec par l'inégale répartition des pluies, se modifiera peu à peu, et que l'équilibre entre l'évaporation et les pluies se rétablira par le reboisement, comme nous l'avons déjà expliqué et nous répétons ici avec intention, pour ne laisser aucun doute dans l'esprit, que les bois n'augmentent précisément pas la quantité d'eau tombée dans l'année, qui tient, en réalité, à la latitude des lieux, et surtout aux vents régnants, mais qu'ils augmentent le nombre de jours de pluie dans l'année, en la répartissant d'une manière plus égale et plus régulière; et, en effet, il pleut plus souvent sur un pays boisé que sur un pays entièrement découvert et sans abri. Dans ce dernier cas, les pluies sont beaucoup plus rares, mais elles tombent avec beaucoup plus de violence et dégradent le sol cultivé en l'entraînant dans les bas-fonds; et ces grandes pluies diluviennes sont ordinairement suivies de longues sécheresses, comme cela a lieu à l'île Bourbon, surtout depuis quelques années.

Pour porter un remède efficace au mal déjà ancien, et qui ne peut que s'aggraver dans l'avenir, il faut reboiser comme M. de Châteauvieux en donne déjà l'exemple, et, pour y parvenir plus vite, il conviendrait que le gouvernement colonial distribuât à propos quelques primes en argent aux petits habitants, et qu'il fît décerner des récompenses honorifiques à ceux qui reboiseront sur une plus grande échelle avec le plus de succès.

Il est certain qu'avec l'aide du temps on arrive toujours au but qu'on s'est proposé, et cette belle colonie en a donné souvent l'exemple; elle traverse maintenant une crise dont elle triomphera comme elle a triomphé jadis de toutes les calamités qui l'ont frappée; il suffit qu'elle redouble de persévérance et d'efforts pour rétablir sa prospérité par la culture alterne, l'emploi du fumier produit sur les habitations combiné avec la chaux, et mieux encore par le corail pulvérisé en farine, et enfin par le reboisement (1). Par ces trois moyens réunis, elle assurera la fertilité et la conservation du sol, qui seul produit sa richesse; alors ses industrieux habitants serviront d'exemple aux autres colonies, et cette gloire, que leur souhaite bien sincèrement un vieil ami toujours dévoué, vaut bien la peine d'être méritée.

---

(1) La terre de Bourbon est devenue tellement sèche, qu'elle ne fournit plus autant à la vaporisation qu'autrefois; par conséquent, les nuages, étant moins nombreux ou occupant moins d'espace, se condensent moins souvent en pluies bienfaisantes.

Revenus des habitations de Bel-Air et de Grin, pendant

ANNÉES.	BARRIQUES de vesou.	SUCRES des planteurs.	SUCRES des établissements.	SUCRES TOTAL.	SUPERFICIES A COUPER. 1re coupe.	SUPERFICIES A COUPER. Repousses et filées.	SUPERFICIES A COUPER. TOTAL.
			Livres.		Gaulettes.	Gaulettes.	Gaulettes.
1832. . . .	28,895	»	1,751,375	»	25,562	50,600	76,162
1833. . . .	27,991	»	1,740,125	»	23,600	45,342	69,032
1834. . . .	23,864	»	1,600,000	»	24,707	35,993	60,700
1835. . . .	28,266	»	1,801,500	»	25,442	45,089	70,521
1836. . . .	23,338	»	1,541,750	»	25,901	45,817	71,718
1837. . . .	27,846	»	1,801,500	»	25,313	49,114	74,427
1838. . . .	11,431	»	900,000	»	24,986	22,714	47,700
1839. . . .	28,332	107,000	1,629,875	1,736,875	25,588	26,000	51,550
1840. . . .	30,360	275,000	1,590,625	1,865,625	25,894	48,500	73,394
1841. . . .	20,785	282,500	1,769,375	2,051,875	24,804	51;740	77,635
1842. . . .	20,940	291,250	1,187,625	1,478,875	27,847	21,153	49,000
1843. . . .	28,177	300,750	1,693,850	1,994,500	26,124	29,468	55,592
1844. . . .	24,310	60,000	1,840,625	1,900,625	26,574	49,978	76,552
1845. . . .	15,946	»	1,158,000	»	25,487	33,040	58,517
1846. . . .	12,899	»	825,000	»	22,839	21,176	44,015
1847. . . .	9,224	»	651,250	»	24,990	23,783	48,773
1848. . . .	11,608	»	741,000	»	23,187	34,333	57,520
1849. . . .	16,914	»	941,000	»	24,703	27,698	52,401
1850. . . .	16,978	»	1,009,375	»	24,886	35,077	59,963
1851. . . .	24,468	»	1.542,000	»	24,844	19,584	44,428
1852. . . .	24,678	»	1,562,750	»	25,250	28,682	53,932
1853. . . .	30,805	»	2,130,375	»	25,129	32,474	57,603
1854. . . .	34,978	»	2,378,504	»	25,059	27,768	52,827
1855. . . .	26,252	»	1,778,125	»	26,109	33,627	61,736
1856. . . .	27,523	»	1,823,375	»	25,126	24,257	49,383
1857. . . .	33,847	»	2,449,100	»	25,017	37,735	62,752
1858. . . .	26,793	»	2,005,625	»	25,489	32,269	57,758
TOTAUX et MOYENNES.	646,448	»	41,843,704	»	»	»	1,615,549
	23,942	»	1,549,767	»	»	»	59,839
1859 Bel-Air seul.	13,209	»	1,115,435	»	14,575	15,857	30,432

depuis 1832 jusqu'en 1858 inclusivement, 27 ans.

RENDEMENT GÉNÉRAL				SUCRES DES		JOURNÉS effectives par année.
	A LA GAULETTE.					
à la barrique.	1re coupe.	Repousses.	Moyenne.	Premières coupes.	Repousses.	
Livres.	Livres.	Livres.	Livres.	Livres.	Livres.	
60	43	13	23 00	1,099,166	657,800	85,184
62	41	17	25 20	967,600	772,514	87,329
67	37 1/4	19	26 35	920,435	683,867	78,135
67	41 3/4	16 1/2	25 54	1,068,564	743,972	76,109
66	43 3/4	9	21 49	1,133,118	412,353	84,075
64	47	12 1/2	24 20	1,189,711	613,925	83,068
78	»	»	19 00	»	»	»
61	40 1/2	22 1/2	31 59	1,023,200	582,500	71,594
61	37	13	21 67	933,525	630,500	76,647
68	40	14	22 80	1,035,760	734,374	80,244
70	38	6	24 23	1,058,186	126,918	73,918
70	40	22	30 47	1,044,960	648,296	74,579
78	40	15 1/2	24 04	1,062,960	774,609	72,295
72	34	8 1/2	19 80	866,558	290,840	64,409
64	28 1/2	8	18 74	650,912	169,408	60,047
70	21 1/2	5	13 55	537,285	118,915	50,271
64	23	6	12 89	533,301	205,998	47,983
55 1/2	30 1/2	7	17 95	740,820	193,880	46,770
59 1/3	35	4	16 83	870,910	140,308	68,773
63	41 1/4	26	34 70	1,031,026	509,184	74,942
63 1/4	42	17 1/2	28 98	1,060,207	501,858	
69	49	27 1/3	36 98	1,231,321	899,054	1,355,372
68	56 1/2	32 2/3	45 02	1,416,712	961,656	»
67 2/3	38 1/2	21 1/2	28 72	992,142	765,980	»
66	49	24	36 92	1,229,514	593,861	»
72 1/2	50	30	39 04	1,276,624	1,172,360	»
75	45	26	34 72	1,164,675	840,950	»
64 72	»	»	26 00	»	»	71,335 (par an).
66 70	39 73	16 28	25 90	»	»	4,581
84	49	15	36 75	632,856	482,575	Par 100 milliers de sucre en moyenne.

Observations.

La plus mauvaise période a eu lieu de 1845 à 1850 inclus, 6 ans, pendant laquelle on a fabriqué en total 5,125,625 livres, dont la moyenne par an 1/6e 854,271 livres, c'est-à-dire un peu plus de la moitié de la récolte moyenne.

La plus belle période, de 1855 à 1858 inclus, pendant six ans, pendant laquelle on a fabriqué en total 12,565,104 livres, dont la moyenne par an 1/6e 2,094,200 livres, c'est-à-dire 1/4 en sus de la moyenne générale, ou deux fois et demie plus que le produit moyen de la mauvaise période.

En vingt-sept ans, il n'y a eu que huit années au-dessous de la moyenne générale, et dix-sept années au-dessus.

Ce beau résultat tient au repos de la terre et à l'assolement parfaitement combiné qui a toujours été régulièrement suivi. Hors de cet assolement, il n'y a plus de salut pour la colonie : si l'on continue à planter tout en Cannes, tout sera perdu dans un avenir assez prochain.

Les habitants essayent de payer leurs dettes en faisant suer la terre ; c'est un mauvais calcul, la terre rend comme on lui donne, elle ne donne rien pour rien, elle s'affame et ne produit plus que de mauvaises herbes.

PARIS. — IMPRIMERIE DE Mme Ve BOUCHARD-HUZARD, RUE DE L'ÉPERON.

www.ingramcontent.com/pod-product-compliance
Ingram Content Group UK Ltd.
Pitfield, Milton Keynes, MK11 3LW, UK
UKHW021059200726
13857UKWH00003B/1021

9 782013 074056